心理咨询师的
育儿经

詹小玲◎著

中国纺织出版社有限公司

图书在版编目（CIP）数据

心理咨询师的育儿经 / 詹小玲著. -- 北京：中国纺织出版社有限公司，2023.5
ISBN 978-7-5180-0522-2

Ⅰ.①心⋯ Ⅱ.①詹⋯ Ⅲ.①儿童心理学②儿童教育—家庭教育 Ⅳ.①B844.1②G782

中国国家版本馆CIP数据核字（2023）第042817号

责任编辑：张　宏　　责任校对：高　涵　　责任印制：储志伟

中国纺织出版社有限公司出版发行
地址：北京市朝阳区百子湾东里 A407 号楼　邮政编码：100124
销售电话：010—67004422　传真：010—87155801
http://www.c-textilep.com
中国纺织出版社天猫旗舰店
官方微博 http://weibo.com/2119887771
鸿博睿特（天津）印刷科技有限公司印刷　各地新华书店经销
2023年5月第1版第1次印刷
开本：710×1000　1/16　印张：12
字数：131千字　定价：58.00元

凡购本书，如有缺页、倒页、脱页，由本社图书营销中心调换

推荐序

作为一名一线的发育行为儿科医生，我接触过无数前来就诊的儿童。其中，有语言、运动、认知、社会交往等各方面能力发育落后的儿童，有咬指甲、抽动、多动、注意力不集中、攻击行为等具有各种行为问题的儿童，有学习困难、厌学、休学的儿童，还有吃不好、睡不好、发育不好的儿童……

从发育行为儿科学的角度，我们医生固然可以给孩子们作出各种符合诊断标准的疾病诊断，但是，在诊断之后，我经常会思考：这些问题的原因，除了孩子先天的各种因素，养育孩子的父母起着怎样的作用？要解决孩子的问题，除了对孩子做些治疗或干预，父母又需要承担怎样的责任？

多年的从医经验告诉我，孩子许多问题的成因在家庭，要解决孩子的问题医生一定得引导父母去学习、去反思、去成长。为此，我经常学习心理学老师们关于家庭教育的理论，也去参与各种线下的心理学课堂。在这个过程中，我向内不断探索自己、了解自己，向外不断突破自己的认知，在临床中引入心理学的、家庭教育的理念和方法，鼓励家长们不断学习，以更好地呵护孩子的成长。

在这个过程中，我经朋友介绍，了解到青稞心理咨询，非常认同姚一敏老师和詹小玲老师的理念。现在，詹小玲老师将她的育儿心得整理成书，我非常高兴，我以后有更方便的工具协助家长了！

> 心理咨询师的育儿经

　　小玲老师的这本书，既有心理学理论的基础，又有亲自育儿的切身体验；既有多年来协助问题儿童家庭的经验积累，又有妈妈陪伴孩子们成长过程中的不断反思和提升。其中，非常珍贵的是，小玲老师作为妈妈，在陪伴孩子们的过程中，一直懂得自己、接纳自己，同时不停地反思自己，呈现在孩子们面前的是一个真实而有力量的、温暖而充满希望的妈妈。在这样的妈妈身边成长的孩子们，能够在妈妈的协助下不断探索自己的生命，成为最好的自己，这是多么幸福的人生啊！

　　同时，小玲老师有多年与问题孩子接触的一线经验，在协助许多厌学、休学，以及行为问题儿童与其家庭的过程中，积累了丰富的经验，这体现在本书中的案例分析上，非常值得我们学习。

　　我真心希望所有准备育儿，或者有育儿困惑的妈妈们都来读一读小玲老师的这本书。在轻松而朴实的语言中，去感受小玲妈妈在育儿过程中散发出来的浓浓的生活气息和满满的爱意！

　　同时，我也建议正在养育和将要养育学龄期和青春期孩子的父母们，也都来读一读小玲老师的这本书。在小玲老师语重心长的文字中，去感受为人父母的重要性，去警醒和反思我们作为父母，要如何端正自己的三观，以引领孩子们的成长！

浙江大学医学附属儿童医院
发育行为儿科主任医师
竺智伟
2023年3月30日
于杭州

序

我总会和小玲开玩笑,她的文字就像是医嘱一样:只说重点,言简意赅,一句废话也没有。

一起生活这么些年,我已经非常适应她的语言风格、处事以及思维方式了——干脆利落,直入核心。同时我也知道,她的育儿方法,是基于自身特质而提炼产生,其他妈妈执行起来并不轻松。

小玲身上,最显著的特质有这么几点:

一、负责任

对于孩子的教育,小玲从不寄希望于他人,也不会推诿于他人,更不迷信所谓的权威专家。

与她结婚时,我已经是颇有经验的心理咨询师,在家庭教育上也有较深的认识。但她不会因为我比较专业,就把教育子女的责任寄希望于我。她会认真倾听我对教育、心理学的理解与认知,更会对照自己带孩子的亲身体验,结合自己的实际情况,来听取我的意见甚至帮助我修正认知。

起初我对于孩子奉行的就是"爱与自由",但在养育过程中,小玲用她的实践提醒着我,简单片面地奉行这样一套教育理念是有问题的。

同时,我在工作中发现了太多奉行"爱与自由"的家庭出现了较为严重的问题。很多父母没学习这些理念时尚能教育好孩子,一旦接受了全面包容的思想，反而裹足不前，导致问题越来越严重。

这些不得不促使我认真思考：到底是哪里出了错？于是，才有了后来教育理念的全面转型。

二、真实

小玲不压抑情绪，但也不会肆意宣泄情绪。这个特质在她带小孩的过程中产生了积极的作用。

因为她自己不积攒情绪，永远都是"有仇就报"。事过了，情绪就过了。所以，孩子们和她在一起，当然知道妈妈的底线在哪，一旦碰触后果自负。所以，就算被责骂或者惩罚了，他们也都很清楚是自己做错了，而不是受到妈妈情绪的牵连。

这样，孩子们虽然要注意妈妈的情绪，但不需要畏惧、讨好妈妈。

但有的妈妈明明在意、生气，却竭力控制维持表面的春风和煦，长此以往，孩子就会在体验和头脑之间形成撕裂、对立。最终，妈妈和孩子失去最真实的情感感受，情感就会缺失，而这恰恰是人世间最美好和温暖的东西。

所以，我们常常说"情绪稳定的妈妈"，并不是提倡隐忍，反而是提倡真实。我们没必要抵制情绪，而应该通过有意识的自我训练，最终达到有情绪也能做对事。

也是因为真实，孩子们都是自在的，毫不遮掩的。如此，小玲会更容易看懂孩子，其养育方式就会非常务实，没有不切实际的期许和攀比。比如，她不会因为面子，不会因为急于要孩子出众，去培养孩子各种华而不实的"本领"，参加各种噱头十足的培训和比赛。家里的吃穿用度，也是简单适用就好。

这些都是我最为欣赏的地方，因为我希望我的孩子能够成为那种不慕虚荣的、踏踏实实的、一步一个脚印的人。而小玲正用春风化雨的方式将这些品质，一点点地播种在他们幼小的心灵当中。

三、问题解决能力

身为父母，如果自身没有问题解决能力，我们的孩子又从何习得呢？问题解决能力，实际上就是孩子终生成长的能力。

想起我们结婚并创业的头几年，经历了不少坎坷与艰难，但我们夫妻一起走了出来。而磨难带来的红利，就是小玲拥有了极其强大的问题解决能力。

她从来不会任由一个问题在我们家无限发酵。就算暂时没有解决，她也一定会挂在心里，为解决问题做很长时间的铺垫。

在小玲育儿的过程当中，这点更体现得淋漓尽致。例如，为了培养孩子吃苦耐劳的能力，我们想借助乒乓球的一套完整的训练系统，来训练我们家儿子的心志。但我们家孩子并不爱运动（实际我也不爱运动），小玲就会一直琢磨怎么推动儿子进入乒乓球的训练系统。具体的做法，在本书中有详细记载。这里面涉及非常长远的考量，以及如何做好孩子的心理铺垫，最终让他由一个懵懂小孩逐步爱上乒乓球运动，进而欣然接受教练的严格训练。

因此，希望大家在阅读这些故事的时候，要把它放在一个长达几年、乃至孩子一生的尺度上去考量它、理解它，而不是仅仅当作一件具体的事情去理解。孩子所有的优秀品格，都是父母有意识且长久地铺垫和塑造才会形成的。

想要孩子天然地长大，然后就天然地变成一个男子汉或者卓越女孩，这是不现实的。

四、深刻反思的能力

小玲的反思能力可以说是我最欣赏的部分。从相识开始，但凡事情不对劲了，小玲就会放在心里反复琢磨。只要没想明白，没想清楚，她就不会放过自己。

这个特质，也很让我心疼她。因为如果有比较重要的事情，她经常会几宿几宿地睡不着。因为只要没有想通，没有解决，她就寝食难安。

这一点在本书中处处都有体现，特别是小玲对三宝观感的改变，完全反映了她极其出色的自我反思能力。否则，三宝还真的会被误认为是个哭闹型孩子，如果贴着这个标签长大，后果不堪设想。

作为家长，难免会给孩子贴标签（刻板印象），比如认为自家孩子是可爱、漂亮、很乖、诚实的，或者认为孩子任性、调皮、不听话、坐不住等。这些评价或标签，对孩子一生会造成重大影响。

想要孩子摆脱标签的牢笼，父母就要打破成见，要经常审视自己的观念，并随时准备破除认知的壁垒。如此，孩子的未来才有无限可能。

我常说，小玲多年医者的经历，让她凡事都会重思考、重思辨，不会固执己见，不会轻易盲从，也不会轻易否定。

"医者父母心"，无论是家庭教育还是家庭教育这份事业，我都因为小玲而有了更远大的目标和更高尚的情怀。因此我说"军功章里有她的一半"，是发自内心的。

我们培养孩子，不全是为自己，也不全是为了孩子。我们的孩子最终是要为社会作出贡献的，基于这样的远景，教育才会落在实处，孩子的未来才会充满光明。

姚一敏

2023/3/31

目录

第一章 原生家庭中,藏着孩子对世界的初体验 ... 001

- 我只能做一个真实的妈妈 ... 002
- 别拔高自己,也别贬低孩子 ... 006
- 妈妈真的比爸爸更适合带孩子吗 ... 010
- 为什么你的孩子"不乖" ... 014
- 小小的人儿,如何给他立规矩 ... 018
- 老人溺爱孙辈,我们该怎么办 ... 022

第二章 三胎时代,如何平衡孩子之间的爱 ... 027

- 如何让大宝接受弟弟妹妹 ... 028
- 多孩家庭,孩子之间"争风吃醋"怎么办 ... 032
- 大的一定要让着小的,这合理吗 ... 035
- "穷养儿,富养女"对吗 ... 037

第三章 日常教养,塑造孩子核心品格 ... 041

- 如何建立孩子的安全感 ... 042
- 怎样化解孩子的固执 ... 046
- 也许你的孩子并不内向 ... 050

孩子需要一些挫折教育 ………………………………… 053

　　如何处理孩子的小情绪 ………………………………… 057

　　孩子在公众场合无理取闹怎么办 ……………………… 060

　　习惯塑造期，父母要坚定 ……………………………… 064

　　适当的欣赏与接纳，才能激发闪光点 ………………… 068

　　把握好孩子两三岁的成长关键期 ……………………… 072

第四章　让孩子爱上幼儿园 …………………………… **077**

　　选择幼儿园，家长需要关注哪些问题 ………………… 078

　　哭着闹着不去幼儿园，你的孩子是这样吗 …………… 084

　　孩子与同伴发生矛盾，家长要怎样处理 ……………… 088

　　孩子在幼儿园没朋友，家长如何破局 ………………… 093

第五章　孩子入学后，这些问题家长必须搞清楚 …… **097**

　　如何让孩子爱上学习 …………………………………… 098

　　父母怎样更好地借力于老师 …………………………… 101

　　当孩子已经不如别人时，怎么办 ……………………… 104

　　孩子太早优秀，到底是不是好事 ……………………… 108

　　如何激发孩子的内动力 ………………………………… 112

　　提高孩子成绩，需要用好"相对论" ………………… 117

　　孩子爱犯错，不应只责骂 ……………………………… 120

　　孩子的成长，需要父母来带动 ………………………… 124

第六章　正确对待青春期的困惑与迷惘 ·········· **129**

为什么乖孩子突然不听话了 ············· 130

孩子与异性同学关系密切，是早恋吗 ······· 133

稍遇挫折就要退学，是孩子太脆弱吗 ······· 137

如何管教孩子，而不破坏亲子关系 ········ 140

第七章　不想要熊孩子，就别做熊爸妈 ·········· **145**

被父母娇纵的孩子，总要被社会教做人 ····· 146

鸡娃家庭，难出牛娃 ················· 152

冷漠是对孩子的极大伤害 ·············· 157

父母短视，教育必败 ················· 160

第八章　亲子矛盾尖锐，怎样挽回孩子的心 ······ **165**

留守孩子对父母满腹怨怼，如何才能扭转局面 ··· 166

儿子对爸爸冷漠厌烦，是否为"弑父情结"作祟 ··· 170

孩子动辄打骂父母，家长如何破局 ········ 173

父母不优秀，可以成为孩子不上进的借口吗 ··· 178

后记 ································· **183**

第一章

原生家庭中，藏着孩子对世界的初体验

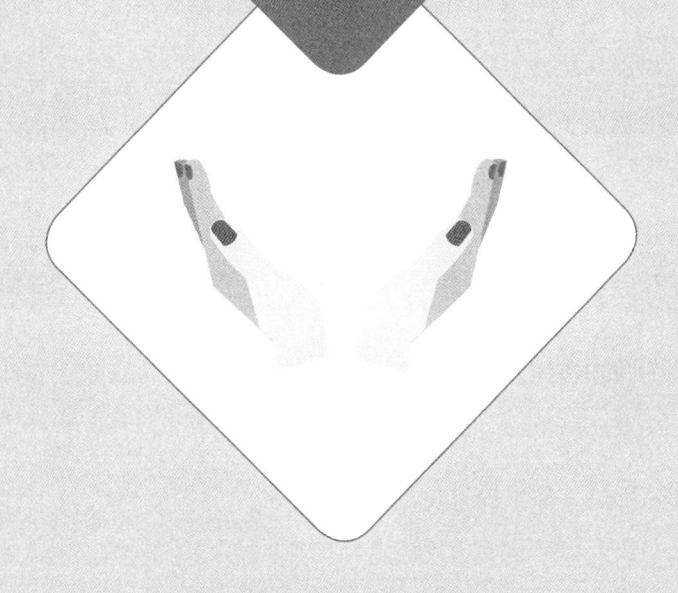

我只能做一个真实的妈妈

我渴望自己有温良恭俭让的美德,但我只是一个有着各种问题的普通女人。不过没关系,孩子没有嫌弃过我,更没有因此而变得自大或卑微。更重要的是,他和我关系非常亲密融洽。

儿子两岁左右时,我的情绪非常不稳定,经常对他大吼大叫,对此我感到很内疚。但即便这样,我依然坚持真实地对待他,没有掩饰自己的情绪,也没有粉饰自己的过错。

随着我和孩子爸爸走出人生低谷,儿子的状态也越来越好。

有一天,他居然一本正经地跟我说:"妈妈,就算你生气发脾气,我也喜欢你。"

我愣了一会儿,欣喜地说:"啊!是吗?为什么?"

"因为我知道你不是故意的。"

"真的是妈妈生气时你都喜欢吗?"

"嗯,不过,你生气时我也有点儿生气。"

"那怎么办?"

"那这样的话,你就抱抱我吧!"

我时常被这枚小暖男感动,而我先生则经常戏谑我是个"不害臊的

第一章 原生家庭中，藏着孩子对世界的初体验

妈妈"，总是让孩子来宽容我。

我对此并没有感到欣喜，只感到惭愧。

因为我不是要宣扬孩子被暴打、被教训才会听话，我只是想说，我只能做一个真实的妈妈。

我渴望自己有温良恭俭让的美德，但我只是一个有着各种问题的普通女人。不过没关系，孩子没有嫌弃过我，更没有因此而变得自大或卑微。更重要的是，他和我关系非常亲密融洽。

这几年，虽然我过着家庭主妇的生活，也知道带好孩子是我的责任，但要处理的事情实在太多了，比如，还债，再比如，协助完成二次创业的种种事宜。

但实际上人是越被逼迫越有动力的，特别是在想着孩子时。所以，我从来没有觉得孩子是个负担，甚至从未觉得带孩子是一件费劲的事情。

虽然刚开始总是与孩子磕磕碰碰，但经历过后，我感觉到，与孩子相处的时光里更多的是感动和享受。正是这段相处时光教会了我爱是双向的，也让我看清了育儿方面的很多伪概念。

曾经我很内疚地对先生说："对不起，我没有把我们的孩子带好，他不如别的孩子优秀。他不会多种外语，不会吟诗作赋，不会任何乐器，没有特殊才能，甚至连穿着打扮都极其随意，饮食上也从未被细心照料。"

可他却说："我对孩子是相当满意的，虽然他看起来什么都不会，但他做起事来非常专注，比如，搭乐高、看绘本；玩起来又相当活泼并动作敏捷。虽然他没有任何专长，但他唱歌的欢乐样子能够感染周围的

人，不仅能感染你我，甚至整个幼儿园的小朋友和老师都会跟着他一起唱。在衣着方面，更是我所想要的，他作为男孩子，要不拘小节才好。孩子的卓越、质朴、宽容，我希望是由内被引发出来的，而非你作为母亲灌输进去的。你只要负责你的卓越、质朴和宽容就可以了，孩子会自动跟上。"

我知道先生有安慰我的成分，但实际上我还是很受鼓舞，也一直坚持做一个真实的妈妈——对自己的状态诚实，对孩子诚实。

尽可能地真实，对很多父母来说是一个非常大的挑战。父母知道很多东西，懂得很多正确的道理，总想着"我要成为更卓越的、更优秀的、更有包容性的、更接纳的父母"——这当然是我们努力的方向，但前提是要真实。唯有真实，才能促使真正的卓越产生。因为孩子总能轻易看穿你的伪装，所以，千万别在孩子面前扮演好妈妈，那会让你彻底失去他。

我的一个学生因为自己的困扰而来，她可能不是优秀的妈妈，但至少这个妈妈够真实，一个很好玩的现象就是，她的儿子非常懂事明理。

有一次，这个妈妈跟自己的客户吵架，吵得不可开交，回到家还跟先生怄气。她10岁的儿子见妈妈控制不了自己的情绪，就拉着妈妈的手出去散步。孩子利用散步的时间跟妈妈讲道理："妈妈，这件事你努力了就好，退一步海阔天空！"然后还说："你能不能不做律师了？"我学生回答儿子说："不做律师，爸爸会看不起妈妈的。"儿子就告诉她说："不会的，爸爸是为了激励你，你只要尽心做一件事就好了。"

第一章　原生家庭中，藏着孩子对世界的初体验

她儿子经常说她，说话不经过大脑，她还不服气地说："我说话怎么不经过大脑了？"结果她儿子就教她说："我感觉，别人都是把话在脑海里过几遍才说出来，而你是一想到就马上说出来。"

你们看，她的儿子才10岁就这么懂事明理，为什么呢？因为这个妈妈足够真实，孩子看到妈妈在一些方面很执拗、想不通、转不过弯来，但这就是他的妈妈呀！

他的妈妈非常真实地把自己的状态呈现给儿子，所以，她的孩子就不必再去试探妈妈，只需要学着怎么和这样的妈妈打交道就可以了。

当然，真实并不代表我们可以肆无忌惮，也不代表我们可以为所欲为，更不代表我们可以放纵情绪。

这个学生非常真实，做错了，她会承认，会道歉："刚才是我的问题，是妈妈错了！"

因为这一份真实，当她错了，她承认的时候，儿子对她的接纳度就立刻提升了。

其实孩子对父母的接纳，不是因为父母多伟大、多宽容、多有爱，而是因为父母够真实，真实到孩子没有办法产生多余的期待，因为他们知道父母已经足够努力了。

别拔高自己，也别贬低孩子

让孩子了解真实的家庭情况和父母真实的样子，并不会增加孩子童年的痛苦。恰恰相反，他需要在这个家中有参与感，与父母之间真实的互动能够让他更有安全感，更容易感受到爱的流动。而假若父母粉饰太平，造出爱的孤岛，剥夺孩子的生命体验，孩子才会真的不知道如何应对这个复杂的世界。

很多父母面对孩子的时候，容易犯两个错误：一是把自己的形象塑造得太好，比如，让孩子认为"妈妈是超人""爸爸很厉害""家庭一派祥和"；二是把孩子的形象塑造得太差，比如，经常表情很嫌弃地对孩子说："你怎么这么笨？""你体质太差了！""你连这点小事都做不好！"

佳佳是一位单亲妈妈，离婚这件事在精神上对她造成了很大影响，在白天还能控制，但到了晚上心里会感到非常无助、恐慌，平时对孩子的耐心也变差了。她特别不希望孩子看到自己不好的一面，担心自己这样的状态会影响孩子。

在她看来，孩子是无辜的，如果因为离婚而影响孩子，对孩子来说很不公平。

但是我告诉她，她的这种想法，有正确的部分，也有不正确的部分。

第一章 原生家庭中，藏着孩子对世界的初体验

他确实是孩子，父母的事情不应该由他来承担责任。但是，也正因为他是你们的孩子，他有义务以他的认知程度来理解父母，特别是理解母亲。母亲是他人生中要长年陪伴的人，他不可以只享受母亲的好，而不去理会母亲的脆弱和痛苦。虽然他不能和母亲共同承担痛苦，但他有责任去感知和理解母亲。

比如，之前我们背负巨债时，我们过什么样的日子，儿子也和我们一起过什么样日子。卖房子卖车时，我儿子哭得很伤心，但是我们告诉他，因为我们没有钱还别人，所以一定要卖掉这些东西，等以后我们一家人努力再买回来。

此外，父母的艰辛也要尽最大可能让孩子理解。他是家里的一分子，要参与家庭的事务，学会付出与承担。

实际上，通过多年来对儿子的教育和反思，我现在很确信，让孩子了解真实的家庭情况和父母真实的样子，并不会增加孩子童年的痛苦。恰恰相反，他需要在这个家中有参与感，与父母之间真实的互动能够让他更有安全感，更容易感受到爱的流动。

所以，单亲家庭的父母不必担心自己的痛苦会影响到孩子。而假若父母粉饰太平，造出爱的孤岛，剥夺孩子的生命体验，孩子才会真的不知道如何应对这个复杂的世界。

听完我的解释，佳佳长吁了一口气。紧接着，她又提出了第二个疑问：孩子的体质很差，有鼻炎，长得又瘦又小。为什么越仔细喂养，孩子的问题反而越多？

我记得佳佳经常说孩子脾胃不好，体质寒，吃这个会怎样，吃那个

会怎样。我和佳佳见面还不是很多，就经常听她这样说，那她的孩子听到的频率可想而知。实际上，这是父母无意识的强烈负面暗示。

我小时候，我妈也经常说我体质弱，长不大，容易生病，实际上就是强烈地暗示我身体不好。因此，我在潜意识里真的认为自己的身体天生就比别人差。可能我确实天生禀赋差些，但现在我个人觉得这更多是来自父母对我的负面暗示。

所以，我对儿子的教育就反其道而行之，我总是暗示他不怕冷，身体比妈妈强壮，是个强壮的小伙子，到冬天时我需要他的温暖。

所以，在儿子的潜意识里，他的身体是很好的，觉得自己是个强壮的"霸王龙"。有时即便生些头疼脑热的小毛病，他也依旧能保持生龙活虎的状态。

实际上，即便孩子先天禀赋差点，也可以通过后天锻炼来弥补，除非先天性疾病，否则每个孩子底子都差不多。所以，我们不要给孩子"体质差"等负面暗示，让孩子认识一个客观的自己。

不仅在身体健康方面，在诸如学习、运动、劳动等方面也一样，家长不要一直给孩子传递带个人偏见的信息（就是大家认为的负面信息），让孩子认为自己天生很差。这种负面的心理暗示，往往容易导致孩子真的"破罐破摔"，孩子会在内心深处觉得自己"笨"、自己"什么都做不好"，从此再无向上努力的斗志。但这并不代表我们对孩子只能讲赞美和鼓励的话。作为父母，一定要认清现实，实事求是、客观地评价孩子。

作为父母，不要一味地拔高自己的形象，让孩子觉得父母是超人；

也不要一味觉得孩子很差，打击孩子的自信心。让孩子了解父母的真实情况，甚至在孩子面前适当示弱；同时鼓励孩子，让孩子认为自己很强大，可以替父母分担重任，这才是助力孩子成长的好办法。

妈妈真的比爸爸更适合带孩子吗

在孩子八九岁之前，我建议母亲多照顾孩子的生活起居，培养孩子吃饭、穿衣等基本生活能力。但是孩子到了八九岁以后，特别是男孩子，我建议慢慢过渡到由父亲带领孩子成长，甚至培养孩子与父亲相同或相似的兴趣爱好和人生追求，引导他向往成为一个成熟男性。

现在很多的家庭，如果老一辈不能帮忙带孩子，也不放心请保姆来照看孩子，大多数会由妈妈留在家里看孩子，很少有爸爸全职带娃。难道，妈妈真的比爸爸更适合带孩子吗？

事实上，孩子究竟由谁来带比较好，要根据孩子的年龄大小来考虑。

在孩子年幼时，一般由妈妈承担主要的看护责任比较适合。

一是孩子在妈妈体内已经待了十个月，对妈妈更熟悉、感觉更亲切。只要妈妈度过了初为人母的不适期，很快就能进入角色，发乎本能地爱孩子。亲子之间的情感联系会比较好。

二是女性通常比男性更细心，更有耐心。年幼的孩子身体抵抗力比较弱，需要受到更多的照顾与呵护；并且，从吃饭穿衣到说话走路，孩子的很多事情都需要被细心教导。所以，这一时期由妈妈看护、教育会比较好。

三是受"男主外，女主内"思想的影响，不少家庭都是女性在家的时间多一些，跟孩子相处的时间通常也比男性更多。

我儿子两三岁的时候，虽然我比较情绪化，但对于孩子的照顾还是比较细心、耐心的。这个阶段的孩子需要我对他无微不至的关怀，这样他的内心才会柔软，未来才更容易形成宽容、仁厚的品格，而不会成为冷血无情的人。

当时，我的先生虽然比我情绪稳定，但是太粗心了。有时候我忙不过来，由他看孩子，他要么给孩子乱吃乱喝，导致孩子上吐下泻，要么给孩子穿太少导致孩子感冒发烧，要么没留神照看导致孩子磕磕碰碰。他并非不爱孩子，只是因为太粗心，根本不能设身处地为孩子着想。

但是，等到孩子八九岁以后，随着身体越来越强壮，逐渐需要从男性身上获取一些力量，学习一些品质，如勇敢、坚强、沉着、冷静，等等。

这个时候，父亲就需要多与孩子相处，在潜移默化中影响孩子，将好的思想与行为方式传递给孩子。

如果这个时候孩子依然跟母亲特别亲近，特别是男孩子跟母亲太亲密的话，很容易形成阴柔的气质，性格容易偏女性化。

所以，在孩子八九岁之前，我建议母亲多照顾孩子的生活起居，培养孩子吃饭、穿衣等基本生活能力。但是孩子到了八九岁以后，特别是男孩子，我建议慢慢过渡到由父亲带领孩子成长，甚至培养孩子与父亲相同或相似的兴趣爱好和人生追求，引导他向往成为一个成熟男性。

另外，对于叛逆期的孩子，父亲的角色显得尤为重要，因为母亲通常不善于驾驭力量。

叛逆期是什么意思呢？这是随着孩子自身的生长发育，他们试图按自己的意愿去控制、改造外在的世界与关系，同时与外界，特别是父母权威（以及意象化后的父母权威）产生矛盾的一个阶段。

随着生长发育，孩子的力量也逐渐强大，若没有一个和他对抗的力量，他要如何才能明确地知道自己的力量呢？要知道自己的力量，必须有一个力量和他对抗才行！从物理学的角度来说，力是相互的，有作用力必有反作用力。

这就是人对力量感知的必然途径，也是人本身力量成长的必然途径，更是人生命成长过程中从来不会停止的一种现象，叛逆的本质就是力量成长的过程。作为青春期的孩子，他通过有意识的挑战来感知各种不同性质的力量。在无数次同这个世界交互的过程中，人从对粗糙蛮力的感知与驾驭，逐步学会对精微、细腻的心理与思想力量的驾驭与运用。这个过程在人的一生中从来没有停止过，一直在循环往复并不断深化。

这个时候一味地爱、接纳、宽容，看起来很美好、很善良，事实上却让孩子失去了对手，失去了磨炼自己力量的可能。

这个时期和孩子适当地对抗才有利于他的成长。当然，这个对抗更多在于权威和智慧方面，而不是身体上的对抗。

当孩子进入青春期，父亲应该扮演教官、教练或者师父一样的角色。也就是说，面对孩子的挑战，要能看得懂，更要能化解掉；既不能

第一章 原生家庭中，藏着孩子对世界的初体验

一巴掌把孩子的挑战欲望给拍死，也不能被孩子一挑战就翻倒在地。这需要适度使用力量，而这种力量感通常是母亲所欠缺的，却是父亲具备的。

当然，并不是说所有家庭都是这样，只是根据大部分家庭的情况，给大家提供一个参考。

如果是情况特殊的家庭，比如母亲是极其非理性的，甚至缺乏各项生活能力，同时父亲又相对细心温柔，那么让父亲承担主要的带娃责任也是可以的，只要夫妻协调好即可。

事实上，孩子出问题的家庭，往往父母都是非理性的；或者母亲的非理性和对父亲的怨恨，切断了孩子跟父亲应该有的链接。我们这里也有很多这样的家庭，明明孩子有一位神一般存在的父亲，但由于母亲对父亲的不认可，导致虎父生犬子，那样即使父亲比较理性，也难以对孩子产生较大的影响。

为什么你的孩子"不乖"

三宝一直没有从受惊的经历中被安抚好，于是就越来越爱哭闹。当家人都对她的哭声感到不耐烦时，她就更恐慌了，于是恶性循环就开始了。在这种恶性循环中，我们很难停下来思考真实的状况，大家很容易认为三宝天生就是这样的孩子。人深陷痛苦无法自拔，很多时候是因为无法突破自己的思维盲区。

我家三宝是计划外的产物，原本我和先生只准备要两个孩子。所以，第三个孩子的到来，让我们感到有些措手不及。

好在我怀三宝的整个孕期都比较顺利，这让我误以为这个宝宝出生后会很好带。可让我们没想到的是，她出生后很爱哭，总是烦躁不安，特别是在每天下午13:00—15:00和晚上21:00—24:00这两个时间段异常喜欢哭闹。这刚好是午休和晚休的时间段，家人只好轮流休息，轮流陪着她。

尽管如此，这孩子还是哭闹到让我们忍不住开玩笑说："好想丢了她。"

本来想着三宝可能天性如此，直到有一天，我们家新来了一位阿姨，帮忙看三宝。这位阿姨我从小就认识，她带过自己的四个孙子，经验非常丰富。

第一章　原生家庭中，藏着孩子对世界的初体验

那天我下班回到家，阿姨很兴奋地对我说："你家三宝好爱笑，好喜欢与人互动！"

我当时一愣：那么爱哭的孩子，怎么到了你手里就爱笑呢？我们带的是同一个孩子吗？

觉察到这一点后，我开始梳理整件事情。之前因为太疲劳，没有精力思考。而现在精力和体力都已经恢复，我开始反思：三宝真的是我们认为的那样吗？

回想起来，三宝出生后，我们是在月子中心度过的。我记得很清楚，孩子在出生后的第一个星期是相对安静的。一周后，护士送她回房时，她开始有惊恐的哭声，而我当时还开玩笑说："你这个大嗓门的小家伙，会把姐姐们吓跑的。"

在月子中心时，大家为了让我休息得好一点，大部分时间都将三宝交给护士照顾。虽然我觉得有一两位护士不太细心（护士在我房间给三宝换尿布时，我可以清晰地观察到），但也无伤大雅，毕竟没有出现大问题。

回家后，每当我给三宝洗澡时，她都会哭闹得比较厉害，现在想来很可能是她在月子中心洗澡时受到过惊吓。

这个可以理解，因为大宝小时候也曾被外婆失手掉进水里。

孩子受到惊吓后，如果没有被及时安抚，以后遇到同样的情形就会感到恐惧。不过当时我没想到这些，所以孩子洗澡的时候哭得多，我并没有察觉。

离开月子中心回到家后，养育三个孩子的巨大压力向我迎面扑来。

新冠病毒疫情期间，白天我要陪着大宝上网课，晚上要照顾二宝和三宝，每隔两小时还要吸奶，所以基本上每天的睡眠都被剥夺了。

那段时间我的精神状态非常不好，既没有机会停下来思考，也没有耐心好好照顾三宝。

这种生活持续了一个月后，我虚弱到晕倒在家中。从那天开始，先生因为心疼我，就让三宝轮流跟他和我婆婆睡。而白天我婆婆有很多家务要做，先生也要工作，都不能全身心照顾三宝。所以，她哭闹的时候，只能是谁有空谁就过去抱一下她。

所以，三宝根本不可能有机会和我们中的某一个人建立稳定的亲密关系。

也就是说，她一直没有从受惊的情绪中被安抚好，于是就越来越爱哭闹。当家人都对她的哭声感到不耐烦时，她就更恐慌了，于是恶性循环就开始了。在这种恶性循环中，我们很难停下来思考真实的状况，大家很容易认为三宝天生就是这样的孩子。

人深陷痛苦无法自拔，很多时候是因为无法突破自己的思维盲区。而这时一位局外人的出现，类似于来我家帮忙的阿姨，她没有我们的盲区，恰恰能看到事情的另一面。

如果我们不能警觉到自己存在思维盲区，就很难走出来看到事情的全貌。而我们工作室一直培养的就是觉知能力，这是人的一套自我纠错系统。这个系统不能保证人不会出错，但能保证人不会错太久。

好在随着这位阿姨的到来，同时在先生和婆婆的帮助下，一个月后，我的体力和精力都得到了恢复。

就在阿姨对我说三宝很爱笑后，我立马警觉了：这一定是我的问题！

于是我迅速改变策略，决心让三宝重回我的怀抱，为此我又做好了晚上睡不好觉的心理准备——这次三个孩子都要跟我睡。因为大宝和二宝都跟我建立了比较好的亲密感，所以都非要和我一起睡。

虽然辛苦一点，但是我们作为父母，该尽的责任要早点尽到。如果三宝这个问题一直不能解决，受苦的不只有孩子，还有我们。

起初的三四天，三宝还是很暴躁，于是我开启了当年带二宝的模式，从21:00一直抱睡到23:00。她闹，我就抱着她、安慰她，在她耳边轻声细语，和她互动。就这样，她闹的时间越来越短。一星期后，她几乎不哭闹了，很容易入睡。

经过这么调整后，她明显比以前更爱互动、更爱笑了。

正因为我们生了三个孩子，有非常明显的对比，才会发现问题所在。我们原本只想要两个孩子，说实话，这个三宝还真感觉有点儿意外。如果父母不警觉这个心理状态，早点儿意识到这个问题，那孩子必然也会认为自己是多余的，是被忽略的，是不重要的。

好在孩子还小，我们及早意识到这个问题，重建孩子与父母间的亲密感还比较容易。

现在生活恢复了宁静，看着床上横七竖八的孩子们，我感到无比幸福。

小小的人儿，如何给他立规矩

虽然我有时很严厉，但严厉的时间占比基本不超过20%。更多时候，我会在明确而严厉的规定下让他最大限度地释放天性，给他时间，给他空间，给他自由。否则，他要么会成为胆小抑郁的问题少年，要么则会成为无法无天的小魔王。

给孩子立规矩的过程，实际上是执拗的熊孩子和命运多舛的疯妈妈之间的战争。

最让我印象深刻的是纠正儿子就餐习惯的过程。

我刚接手儿子时，他是那种被外婆、奶奶追着喂饭的小皇帝，但我才没有时间这样做。好不容易把他喝住上桌吃，他就开始将饭菜当玩具乱抓乱扔，大声呵斥几次后才有所收敛。刚吃几口，衣服上、脸上、桌子上、地板上，全是他掉落的菜汁、饭渣。我高八度一声吼，这小子就开始委屈、啜泣，后来甚至开始咳嗽、呕吐。这下子更糟糕了，不但吐到他自己的身上、地上，还直接吐到我身上。

这时"疯妈妈"彻底崩溃了……

一顿惊天地泣鬼神的狮子吼后，娃哭娘更哭。当时我看着狼藉的半个客厅，一对凄惨的母子，只觉得无助、愤怒、哀伤与挫败。情绪一

第一章　原生家庭中，藏着孩子对世界的初体验

上来，只能把自己关进房间疯狂地发泄一通。而此时儿子在门外不依不饶地捶打着门板要我开门，我只好大吼大叫："让妈妈自己待会儿行不行？我可不可以不要忍受你这个小魔鬼？"

儿子在门外哭，我在门里哭，一直哭到彻底平静。

情绪平复一些后，我开门出来，看到儿子也还趴在沙发上抽泣。我轻轻走过去，心疼地抚摸他，母子抱着再哭一会儿："宝宝，刚才妈妈不应该对你大吼大叫。妈妈脾气很差，也很暴躁，因为妈妈有很多事情要处理，妈妈很着急，也很焦虑。我不是一个好妈妈，但妈妈下次会尽量控制自己，希望你能多心疼妈妈，配合妈妈，不要把家里搞得这么脏、这么乱，好吗？"

孩子似懂非懂地点头答应。

然后，我一五一十地复盘刚才的事情，把孩子做错的、我做错的，一点点说出来，并且总结出下次我们应该怎么做才能让对方更舒服点儿。

那段时间我讲得最多的绘本就是《妈妈发火了》。绘本是从妈妈的角度描述的，讲了妈妈的内疚与自责。但我是从故事中的孩子任性妄为、给妈妈添麻烦的角度来给孩子讲的，甚至很认真地和孩子说，妈妈一天要做多少工作，有多少家务要承担，他任性妄为时会增加妈妈的工作量，这样妈妈自然会发脾气、想骂人，而且他这样做会把妈妈计划陪伴他的时间全部挤占掉。

孩子明白了在整件事情中他该负的责任后，会在心里认同被打、被骂是他自己造成的，不会有受害感；同时，他还会意识到，他的胡闹会

让他失去妈妈的陪伴。正因如此，儿子被慢慢调整过来，后来甚至会主动帮我收拾桌子、洗碗。

在这个过程中，我觉得即使给孩子读绘本，也要灵活选择角度。有时，绘本的立意是引发父母的反思和内省，并不适合给孩子讲，否则只会加深孩子责任感缺失的状态，让孩子认为自己任性所做的一切都是理所当然的。

古人云："尽信书不如无书。"我觉得给孩子讲绘本也是一样的，启发父母的部分，我会留在心里自己消化，只给孩子讲他需要懂得的部分。

儿子从2岁多开始就不肯睡午觉了，我也不逼他睡，但我会定下规矩：我睡午觉时，不许来打搅我，他可以在房间自由玩耍。

头两天，他还是会来吵我，但被我骂过两次后，他就知道不要随便惹这个"疯妈妈"。于是，他在房间里玩得乐翻天，而我能在他制造的各种噪声中呼呼大睡，只需要十几分钟到半小时，我就能满血复活，去应对接下来要做的事情。

但是有一次，我午睡醒来，发现他和他的一个小伙伴让整个房子"水漫金山"，于是，我把他胖揍了一顿。我告诉他，可以等他洗澡时，在洗手间专门放一大缸水给他玩，但在其他任何时间、任何地点都不可以玩水。如果再犯，就见一次打一次。现在，他每天洗澡时都很高兴，挤上一些泡泡，就在洗手间里欢腾。特别是夏天，他可以玩上近一小时。

其实我想说，虽然我有时很严厉，但严厉的时间占比基本不超过

20%。更多时候，我会在明确而严厉的规定下让他最大限度地释放天性，给他时间，给他空间，给他自由。否则，他要么会成为胆小抑郁的问题少年，要么则会成为无法无天的小魔王。

老人溺爱孙辈，我们该怎么办

在孩子很小的时候，如果祖父母可以帮忙带，还是尽量让他们带，毕竟孩子小的时候还是多得到一点儿爱比较好；等孩子上幼儿园、上学后，进入集体生活，一些能力自然就会得到锻炼。最主要的是，让孩子拥有深爱他们的祖父母、外祖父母，会是孩子这辈子最大的幸福。因为仁义礼智信中，仁的产生，很重要的一环就是被人深深地爱过，而这也是孩子爱亲人、爱世人的开始，由"爱"产生的向上动力才会既持久又健康。

夫妻都是上班族，孩子又小，难免需要父母或公婆的帮助，这是中国很多家庭的现状。

孩子由老人看管，我们可以比较放心，唯一的不足可能就是老人太溺爱孩子了。

我刚把孩子的洗碗热情引发出来，她立马把碗抢过去，说孩子洗不干净；我刚要求孩子自己洗衣服，她待会儿就跑洗手间把衣服洗干净；我刚要求孩子自己准备明天上学的用品和衣物，她今晚就替孩子把书包收拾得干干净净，衣服叠得整整齐齐放在床头。总之，我妈总有神奇的力量，让我无法锻炼孩子的自理能力。

过去我也总是想纠正老人，纠正无效后也只好接受现状。后来我发现，我妈对于几个孩子是打心里喜欢，看孩子的眼神都能流出蜜来。她经常念叨过去的生活艰苦，太亏待我们几兄妹了，现在恨不得拿出吃奶的力气来加倍对几个孙辈好。

母亲只是普通的农村妇女，她不懂到底怎样教育孩子才好，想到这些，我也就慢慢释怀了，现在就算她对孩子溺爱包办，我们作为孩子的父母也只会告诉孩子："你看你看，婆婆对你多好，什么都只想到你们三个。"与其把力气用在纠正老人的溺爱上，不如让孩子去感受老人的爱。

儿子小时候是个好奇宝宝，工地上的打桩机，他可以看几小时，也只有这个不嫌烦的外婆才会陪他看几小时。儿子想种植物，如果不是这个神奇的外婆，他哪里来的那些瓶瓶罐罐和泥土，把南瓜、花生、多肉、芦荟种了一阳台？儿子想养小动物，外婆会给他变出一只小兔子，甚至把小兔子训练到可以自己上厕所。儿子想看果树，外婆可以带他走一两公里的路去看香蕉树。他经常学外婆说方言，把大家都逗得哈哈大笑……想想，如果他没有这个神奇外婆，童年该有多无趣。毕竟我这个妈妈整天只知道工作，对于孩子来说简直是个无聊的存在。

特别是对于两个女儿，以我现在的工作强度，根本不可能有时间每天陪她们在室外疯玩，但外婆却可以。儿子现在不爱室外运动，就和小时候我带得多有关，因为我比较少带他去户外，并且我陪他在小区里玩的时候，永远也做不到像他外婆那样，跟谁都自来熟，儿子对陌生人比较拘谨想必和小时候我带他有关。我现在觉得，他外婆完全可以弥补我作为妈妈的不足。

当然，尽管我很享受现在的状态，但有时还是难以接受母亲的一些做法。母亲小时候生活很苦，经常饿肚子，所以一直对饥饿怀有巨大的恐惧。现在，我们家永远有剩饭，担心做得少孩子吃不饱，于是，我只能不厌其烦地提醒她。

总体而言，我们的家庭氛围很温馨，家里经常笑声不断，这些都离不开老人的努力。我甚至担心，离开老人或阿姨，没办法养好这几个孩子。

但是，老人如此溺爱孩子，我们作为父母，怎样才能补足对孩子的管教呢？

如果我们对爷爷奶奶、外公外婆疼爱孩子感到"喜闻乐见"的同时，能够提醒和引导孩子感恩祖辈，对孩子未尝不是一件好事。在孩子的原生体验中，他们会感觉非常温暖。

我就是一个被祖父母爱大的孩子，所以我也非常爱他们，想要照顾他们，不舍得他们经受病痛的折磨，愿意为了他们而努力，让自己变得更强大，好为风烛残年的他们遮风挡雨。我想，我的孩子也应该有这样的人生体验。

此外，也可以借力说服他们。比如，我这个女儿的话母亲可能不会听，但我先生和我姑姑的话，她还是多少能听进去的。关于培养孩子的自理能力，我说服了姑姑慢慢做母亲的思想工作。后来，我妈偶尔会教儿子炒菜、烤面包、做甜点，慢慢地尽量少帮孩子做——虽然她并没有足够的耐心教孩子做。对她来说，直接帮孩子做更容易一些。不过没关系，我可以补足这一块，因为我比较喜欢教会孩子自己做。

目前两个女儿太小，暂且不论。

儿子在这样的环境下，动手做家务和照顾别人的能力暂时是比较弱的。不过我也不强求，因为儿子在有爱的环境下，对做事是不抵触的，虽然眼力见儿不够，但总体上愿意做，也做得很开心。

只要有这种态度，当他遇到必须亲自处理的事情时，一定能够学会。

经常有父母来求助，抱怨祖辈对孩子溺爱，导致孩子的各种能力弱化，像个"废人"一样，双方甚至因为教育观念不同而变得水火不容。

其实，这根本不是教育观念对错的问题，而是你否定了祖辈对待孙辈的方式，必然导致矛盾冲突增多，必然导致你对自己的父母无礼。而孩子有样学样，也会用很恶劣的态度对待你。并且在孩子的认知和感受里，祖辈对自己的做法才是爱，而你的管教可能是一种刁难与苛责，从而对你的管教产生抵触情绪。

也就是说，因为你与孩子祖辈的矛盾，而使你无法管教孩子，这才是孩子出现问题的真正原因。

因此，对于祖辈溺爱孩子的行为，我们要调整好心态，这对于教育好孩子是很重要的。

我个人是觉得，在孩子很小的时候，如果祖父母可以帮忙带，还是尽量让他们带，毕竟孩子小的时候还是多得到一点儿爱比较好；等孩子上幼儿园、上学后，进入集体生活，一些能力自然就会得到锻炼。最主要的是，让孩子拥有深爱他们的祖父母、外祖父母，会是孩子这辈子最大的幸福。因为仁义礼智信中，仁的产生，很重要的一环就是被人深深地爱过，而这也是孩子爱亲人、爱世人的开始，由"爱"产生的向上动力才会既持久又健康。

第二章

三胎时代，如何平衡孩子之间的爱

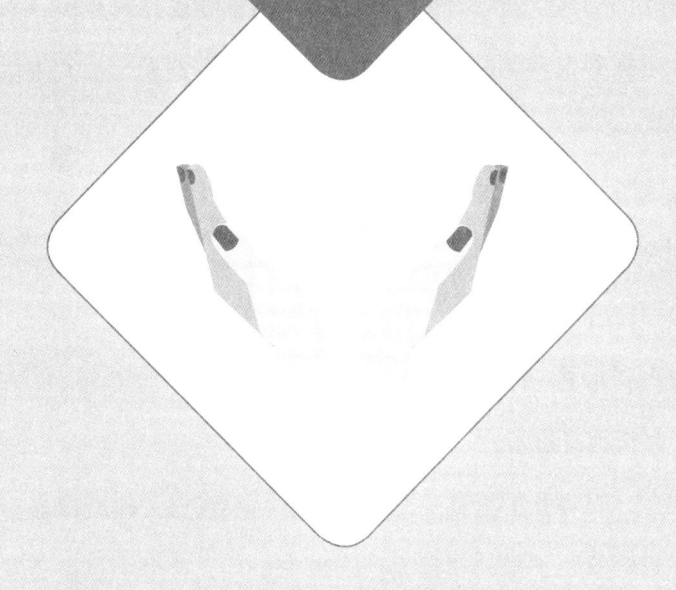

如何让大宝接受弟弟妹妹

实际上，爱孩子是大多数父母的天性，甚至从某种程度上说，爱是无穷的，对大宝可以给予100%的爱，对二宝也可以给予100%的爱。照顾他们的时间和精力确实会分散，但是引导大宝去爱小宝，培养大宝照顾人的能力，是对此最好的补充。

随着我国三孩政策的开放，关于三孩的话题也越来越多，来咨询的父母会经常提到很多顾虑，如怕小宝会分走大宝的爱，怕大宝仇视弟弟妹妹。

在此唠叨一下我是如何让大宝接受二宝的。

1. 对生命的好奇探索

我得知自己怀上二宝后，没几天就告诉大宝了。

我说："儿子，你想知道你是怎么来到世上的吗？"

儿子兴奋地凑过来："想！"

"现在，妈妈肚子里有一个爸爸种下的小点点，他就像当年的你一样，会在妈妈的肚子里越变越大。未来十个月，这个小点点会发生很神奇的变化哟！"

这个小家伙特别兴奋："那他现在多大了，会说话吗？他在里面听得到我说话吗？他会不会吃东西？"

无论儿子问什么，我都会跟他一起翻书找答案，或者上网查询后告诉他。每次孕检回来，我都会把B超片带回来，第一时间告诉他，小点点拍照回来了。他总是捧着B超片看了又看，反复让我描述小点点的具体样子并量化他的大小，然后对着我的肚子亲了又亲。

2. 让大宝了解妈妈的痛苦感受

从怀孕开始，我变得全身乏力、嗜睡、呕吐、进食少。这些要有意识地让孩子知道，特别是男孩。因为生理结构的差异，他不能像女孩那样有机会成为妈妈，早点儿知道妈妈的辛苦，有助于他将来理解女性的不容易。

然后他会问："妈妈，你为什么这么不舒服？"

"因为小点点要在妈妈的肚子里拼命吸收营养，以后再大些还会在妈妈的肚子里乱踢乱动，妈妈当然很不舒服。所以等小点点出生后，妈妈要在他的小屁股上打一下。"

"小点点这么坏？"

"不是小点点坏。妈妈怀你时更难受，你在妈妈肚子里时，比小点点更闹腾。生完你，妈妈的头发都快掉光了。现在妈妈很难受，你能不能照顾自己，别让妈妈为你操心，并且多帮助妈妈？"

这小家伙很乐意地说："好，我会照顾好自己，还会帮你照顾小点点！"

慢慢地，大宝真的开始什么都自己动手做，洗澡、洗头、刷牙、洗脸、吃饭、穿衣、收拾玩具。

好吧，我承认自己是个懒妈妈。

我妈整天说我懒得像个地主婆，先生也笑我说："孩子自己什么都会了，要你这个妈妈干什么？"但儿子总是为我辩护："妈妈才不是地主婆！等小点点出生后，我还要帮他洗脸、刷牙、洗澡、陪他睡觉。"大家都笑称，到时连月嫂都不用请了。

到时能不能做到是一回事，起码当时我的心里乐开了花。

3. 培养他与人互动的分寸

儿子大多数时候都能安静地玩玩具，但动起来也不得了，上窜下跳、攻击你、扑倒你、撞翻你、与你撕扯玩闹，并且怎么都停不下来。

那时他4岁半，力气已经很大，我如果毫无防备，肯定会被他撞翻。所以，平时我会故意对他说妈妈这儿疼那儿疼；故意说现在小点点太脆弱了，他闹着玩时，小点点会受伤。这让他不敢随便撞我、碰我，后来他甚至会主动说："我要爸爸陪我玩扑倒游戏，妈妈太瘦弱了，不好玩。"只有比较安静、动作幅度小的游戏，他才会要我陪他玩。

在这个过程中，大宝会慢慢地区分玩耍的对象，控制自己力量的分寸。等到二宝来临时，他就会知道应该怎样对待比他弱小的个体。

4. 担当与责任

有一天，儿子问我："等到我和小点点长大，你会不会变老？"

我先是一愣，然后说："会啊，会变成一个老太婆、老奶奶，然后还会死掉。"

"我不要你死掉。"

"好吧，先不死。但妈妈肯定会变得越来越老，而你会越长越壮。

那你可以帮妈妈一起抚养小点点长大吗？你可以保护小点点吗？"

"嗯！我还要送他上学，等我再长大一点，还要做饭给他吃。"

"呵呵，你还挺能干的嘛！"

"因为我是一只强壮的霸王龙！"

其实，怀上二宝，我倒觉得可以使大宝成长得更全面。

至于给大宝的爱会不会因此减少，我个人觉得这种担心是不必要的。实际上，爱孩子是大多数父母的天性，甚至从某种程度上说，爱是无穷的，对大宝可以给予100%的爱，对二宝也可以给予100%的爱。

照顾他们的时间和精力确实会分散，但是引导大宝爱小宝，培养大宝照顾他人的能力，是对此最好的补充。要知道我们的孩子是人，他不仅仅只要求得到关爱，更要付出关怀和照顾他人，不然养一个索取者和废人只会增加社会负担，而更重要的是孩子活着会没有任何价值感，这也是我们一线接待的那些孩子最常见的人生无意义的根源。

如果生二孩、三孩，经济投入肯定会增加，人力成本也会增加，这要结合每个家庭的实际情况来考量。至于其他方面，还真不是太大的问题。

多孩家庭，孩子之间"争风吃醋"怎么办

孩子只要知道弟弟妹妹并不会夺走父母的爱，他的内心就是安全的、淡定的。作为父母，最重要的心法就是，我们要知道，自己的爱绝不会因为孩子增多而被分割。可能精力和时间会被分割，但对每个孩子的爱都是100%的。

曾经有好几位妈妈找我咨询：家里的孩子多，只要妈妈在家里，每个孩子都很闹腾，经常搞得妈妈精疲力尽。

其实孩子多，如果妈妈自己都觉得对这个孩子好就会亏欠另外一个，那么，孩子之间的竞争就是必然的。因为孩子会下意识地认为，自己只有多折腾才能获得妈妈更多的关注，其实根源在于孩子对妈妈的爱感到不确定。

我怀二宝之初，就开始铺垫儿子对妹妹的接纳度，这个在上一节中讲过，此处不再赘述。这可以初步让大宝爱上他的弟弟或妹妹，欢迎弟弟或妹妹的到来。

而接下来的功课也是要做的，比如，弟弟或妹妹出生后，妈妈需要花大量时间去照顾他。大宝看到妈妈的大部分时间被小宝占用，心里必然会很失落。这时，如何平衡大宝的心理就变得很重要。

第二章　三胎时代，如何平衡孩子之间的爱

很多时候，只要二宝一睡，或者从我身边被带开，我就会专门去和大宝独处一会，陪他说说话，很宠溺地抱抱他。特别是在儿子睡觉前，我都会很深情地亲亲他的额头，拥他入怀，然后对他说："你是妈妈爱了最久的孩子。"

儿子通常会问一句："那妹妹呢？"

"妈妈爱了你6年多，爱妹妹只有1年多，而且你一直是妈妈最爱的孩子，妹妹也是。虽然妈妈会把很多时间花在妹妹身上，那是因为她现在还太小，需要更多的照顾；而你已经长大，可以照顾好自己。目前，妈妈照顾妹妹多一点，但并不代表妈妈更爱妹妹，只是因为她还没长大，你能帮妈妈一起照顾妹妹长大吗？"

其实，孩子只要知道弟弟妹妹并不会夺走父母的爱，他的内心就是安全的、淡定的。与大宝的这种互动，不要嫌麻烦，只要一有空就做，做到让孩子在内心完全不怀疑父母的爱为止。

现在，我很忙的时候，儿子就会帮忙看着妹妹，陪妹妹玩，逗妹妹开心。虽然他经常会把妹妹弄哭，但也是因为他还太小，有时不知轻重，误伤了妹妹。但儿子从来不会嫉妒妹妹，从来不和妹妹争夺我的爱和关注。

等二宝大一点，我一样会这么做，让她从心里确定妈妈是非常爱她的。因为每一个孩子都很想确定，父母是不是很爱自己。

做法说了很多，但其实作为父母，最重要的心法就是，我们要知道，自己的爱绝不会因为孩子增多而被分割。可能精力和时间会被分割，但对每个孩子的爱都是100%的。

如果我们内心认为，自己的爱会随着孩子的增多而衰减，那么这种想法一定会被孩子接收到。如此一来，孩子之间的相互竞争也就是必然的了。这时候，先不急着做什么，关键是要扭转自己内心的想法。

父母区别对待自己的多个孩子，通常有以下几个原因。

第一个原因：可能和爱人的关系不好，会下意识地厌恶与爱人相像的那个孩子。

第二个原因：不同孩子出生的时候，我们经历的事情是不同的。某些孩子出生在我们人生比较顺利的时候，某些孩子出生在我们境遇比较艰难的时候，这些客观因素也会导致我们对孩子或关爱有加，或有所忽视。于是，每个孩子所感受到的父母关爱就是不同的。

第三个原因：父母偏爱某些特质，导致有这种特质的孩子会被格外关注，而没有这种特质的孩子就会被忽略。

这些情况都要视严重程度来决定是否需要对父母进行心理干预，不然孩子之间的问题可能无法解开。

大的一定要让着小的，这合理吗

对于大的孩子，应该有意识地灌输这样一种思想：大的孩子要让着小的孩子，这是一种美德，也是一种责任。对于小的孩子，应该强调：要尊重哥哥姐姐。

在有两个孩子或者三个孩子的家庭，很多父母说过这样的话：

"你是哥哥/姐姐，要让着弟弟/妹妹。"

"弟弟/妹妹还小，不懂事，你要让着她。"

不管大的孩子比小的孩子大多少，哪怕是出生时间只相差一分钟的双胞胎，很多父母都会要求"大的让着小的"。

这种几乎已经约定俗成的做法，真的合理吗？

其实作为父母，我们并不能一直要求大的必须让着小的，当然也不能要求小的必须让着大的，这都属于偏执的机械论认知。

我们的咨询室接待过很多有这种困扰的家庭。有的家庭中，大的孩子被忽略，小的孩子被宠溺到无法无天；也有的家庭中，将大的孩子视为尊贵的长子长孙，过度维护，而对小的孩子却缺少应有的关怀。

对于这两种极端情况，我们都要警惕。

平时，家长对大的孩子和小的孩子应该采用不同的教育方法。

对于大的孩子，应该有意识地灌输这样一种思想：大的孩子要让着小的孩子，这是一种美德，也是一种责任。

对于小的孩子，应该强调：要尊重哥哥姐姐。当小的孩子不尊重大的孩子的时候，作为父母要出面制止，让大的孩子知道父母对他的维护，这样大的孩子就不容易感觉被冷落。

如果父母在场的时候，孩子之间发生冲突，而且比较剧烈，那父母还是要干预的，否则孩子会对父母毫无敬畏，长大以后更容易无法无天。这个时候，作为家长，应该主持公道，看哪个孩子有理，就站在哪个孩子一边。

如果父母不在场的时候，孩子之间发生冲突，那就尽量让他们按照自己的方式去处理。因为大的孩子通常在智力与体力上都比小的孩子发育更好一些，所以发生冲突时往往大的孩子会占优势。通过这种方式，可以让大的孩子在小的孩子面前建立权威。相反，如果父母总是偏袒小的孩子，打击大的孩子，这样大的孩子就会感觉委屈，认为自己在家里是没有地位的，长此以往，对孩子的心理健康非常不利。

如果父母对于大小孩子的教育都是适当的，那么大的孩子在外面就会有意识地保护自己的弟弟妹妹。这种时候父母可以给予适当的鼓励，但也不必过度夸赞，因为那是孩子的本能。

我儿子在外面总会有意识地保护妹妹，刚开始我以为是自己教育的结果，后来发现老二对妹妹也是这样。别看他们平时在家里经常闹成一团，但一外出就不含糊，几乎都会保护小的，我们也会表示欣赏这种行为。慢慢地，孩子之间就会形成自己的相爱方式。

所以，作为父母，不必期待孩子们不吵闹、不打架，小时候打打闹闹，长大后会更亲密。

"穷养儿，富养女"对吗

所谓"富养"，应该针对孩子的精神世界。父母应正确回应孩子的情感，并且对孩子给予精神上的支持。此外，父母还应培养孩子更高级的精神追求，比如家国情怀。

而所谓"穷养"，则应主要针对孩子的物质需求。父母对于孩子的物质需求，不能无限度地满足，否则只会使孩子的欲望越来越大，甚至最后大到父母无法承受的地步。

很多人听过这样一句话："穷养儿，富养女。"不少家庭将这句话奉为养娃的金科玉律。那么，从心理学的角度来看，这种区别对待孩子的方式究竟对不对呢？

这种教育孩子的方式，在旧社会确实具有一定的合理性。因为那时一般主要由男性负责养家，所以从小"穷养"男孩子，更容易激励他努力奋斗，为家庭创造财富。而富养女儿，则可以提高女儿的眼光，扩展女儿的眼界，避免女儿长大后被"不靠谱"的、没有经济实力的男人轻易哄骗走。

但是如今，这种简单粗暴的理论就显示出它的局限性了。

在我们咨询室接待过的一些家庭中，就存在这两种情况。

一种是父母觉得男孩要穷养，所以对儿子格外小气，有时甚至连孩子的基本需求都不去满足。确实，通过这种教育方式，儿子学习、工作都很努力。但是，当他长大成人，经济独立后，他与父母的情感关系就变得非常淡漠和脆弱。并且，他很可能终其一生都专注于追求金钱和物质，也就是我们常说的"具有极度匮乏感"。同时，这也会导致他将一切关系都理解为狭隘的利益关系。父母来我们这里求助时基本都会说，现在孩子对他们特别冷漠，什么都不听他们的。

还有一种家庭，对女儿极度宠溺。女儿从小就浑身名牌，吃、穿、住、行都是最好的。我们接待过的一个家庭，女儿要一件衣服，妈妈会给买几件；女儿要一本书，妈妈就买一整套；甚至女儿零花钱的账户中都有近百万元。但是，后来女儿连门都出不了，因为外面没有人会对她这么好，她在外面感觉不舒服，当然不愿出门，并且妈妈不能离开她，一旦妈妈出差去外地，她就会感觉妈妈不爱她了，于是要死要活的。

如果不是在一线见到这样的案例，我们也不会对"穷养儿，富养女"进行深入而理性的思考。

实际上，要在哪方面穷养，又在哪方面富养，是个值得探究的问题，并不能根据孩子的性别简单来划分。

所谓"富养"，应该针对孩子的精神世界。父母应正确回应孩子的情感，并且对孩子给予精神上的支持。此外，父母还应培养孩子更高级的精神追求，比如家国情怀。只要孩子有较高的精神追求，有远大的理想，那么即使他在成长的过程中存在一些小缺点、小问题，也会愿意为了实现自己的远大理想而主动弥补这些缺点、改正这些问题。所以，精神世界的"富养"对于孩子来说是十分重要的。

而所谓"穷养",则应主要针对孩子的物质需求。父母对于孩子的物质需求,不能无限度地满足,否则只会使孩子的欲望越来越大,甚至最后大到父母无法承受的地步。当然,也不能过于苛刻地对待孩子的物质需求,要求孩子做"苦行僧",这样过度压抑也会使孩子的心理走向偏激。正确的做法是,父母根据自己的经济水平给予孩子适当的物质生活,不要过高,也不必过低;不能让孩子产生"什么都要最好的"这种心理,也不要让孩子由于吃穿用度处处不如小伙伴而产生自卑心理。对待物质层面的东西,培养到孩子无感比较好,这里无感的意思是平时根本想不起来。

比如我对三个孩子,当他们小的时候,在精神上,比较尊重他们的自我感受,会有意识地培养他们的基本品格;而在物质层面,我们基本上不花时间和精力去关注,但只要合理,就给予回应。

现在,我的两个女儿还太小,看不出教育效果,但是儿子身上则体现得比较明显。对于兴趣爱好,他会非常执着地去追求;但是对于平时的吃穿住行,他是无感的,也不会把精力放在这些事情上,具体表现就是当天买了他很爱吃的东西,他会使劲吃,但经常第二天他就不记得了,然后那东西就放坏了;他几乎天天穿校服,从来不会开口要我们买衣服,但不好的是经常衣服破了脏了他也无感,像个"小乞丐"。

等到孩子再大一些,比如青春期以后,我们会有意识地引导他们树立远大志向。现在我们夫妻就会经常有意识地在孩子们跟前讨论国家时政、历史人文,在潜移默化中培养他们的家国意识。因为人其实是靠这些大的东西支撑自己,才会产生更强烈的责任感、使命感和幸福感。

第三章

日常教养，塑造孩子核心品格

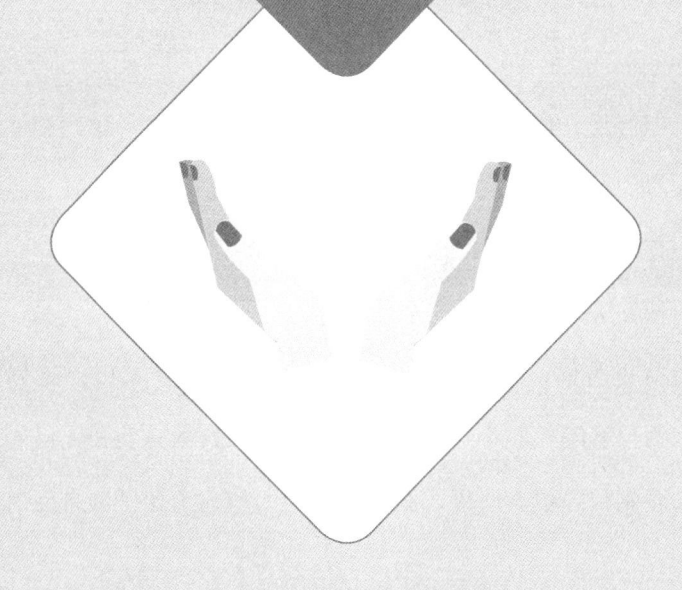

如何建立孩子的安全感

很多孩子都会对某样物品有强烈的依赖感，有的是小毛巾，有的是小公仔，有的是小杯子，还有的甚至是妈妈的头发。在孩子还较小时，尽量让他安心地拥有它，而非从他身边夺走它。如果夺走又在他焦虑不安、痛哭流涕时给回，那样既不能让孩子享受安全感，又很容易让他过度聚焦于对安全感的需求。但是，等孩子大一些，我们就要有意识地引导他克服这些依赖，并给孩子足够长的时间去过渡。

关于如何建立孩子的安全感，我听过两种说法：一种是狠心逼迫孩子独自面对问题，比如，让孩子独自待在家里，或者晚上独自睡觉；另一种是一直陪伴孩子，等待孩子长大以后自动独立。

这两种方法，我都没有完全采纳。

记得我小时候，妈妈要看店，我被迫独自待在家里，感到非常恐惧。但因为怕被嘲笑胆小，一直不敢说出来，这导致我长大后晚上独自在家就会感到很害怕。所以，我并不赞同太早逼迫孩子独自面对孤独与黑暗。

至于第二种说法，我觉得只会培养出一个"妈宝男"。

儿子小时候，每天晚上都要趴在我身上，玩着我睡袍的红腰带才能入睡。可能这条红腰带就是儿子安全感的来源，直到快5岁时，他仍然每天都要拿拉着我的红腰带才能入睡，他管它叫"小九九"。

但是，当孩子长大一些，这样的习惯还是要纠正的。在距离他5岁生日还有半年的时候，我就和他约定，等他5岁生日那天，给他买一个他最爱吃的蛋糕，但是吃完蛋糕后，就不许再要"小九九"，否则以后生日再也不买蛋糕，同时还有可能被揍。

儿子一直是个讲信用的孩子，我相信他能做到。但因为他年龄太小，我怕他会遗忘这个约定，所以每隔半个月或一个月，我就会和他提一下这个约定，他总会很高兴地回答我："知道了，妈妈。我5岁时已经长大了，不能再玩'小九九'了。"

从5岁生日那天起，他真的不再玩了。

其实很多孩子都会对某样物品有强烈的依赖感，有的是小毛巾，有的是小公仔，有的是小杯子，还有的甚至是妈妈的头发。

我的做法就是，在孩子还较小时，尽量让他安心地拥有它，而非从他身边夺走它。如果夺走又在他焦虑不安、痛哭流涕时给回，那样既不能让孩子享受安全感，又很容易让他过度聚焦于对安全感的需求。

但是，等孩子大一些，我们就要有意识地引导他克服这些依赖，并给孩子足够长的时间去练习。

1.克服对父母的依赖

孩子长大后必定会离开父母，去创造自己的世界，但如何让他带着满满的安全感出发呢？

儿子很小时，我去洗个澡，他都会在洗手间门口哭半天，一直哭到我出来。因此，我经常洗到一半就要冲出来。

后来，我想了一个办法，在他学会看时间之前，我会给他一颗糖或一个水果，并告诉他，等他吃完这个东西，妈妈就会出现。这样，他终于可以安静地等待我。看到我出来时，他有时会高兴地说："妈妈洗得真快，我的糖/水果还没吃完呢！"

后来，他学会看时间了，我就一点点延长离开他的时间，从两三分钟的倒垃圾，到五六分钟的取快递，再到十几二十分钟的下楼买菜、半小时或一小时的出去散步，即使去工作室我也一定在约定的时间回来。就这样，他渐渐觉得父母离开一会儿是再正常不过的事情。

2. 独自睡觉

自从怀上二宝，我就开始有意识地告诉儿子，"小点点"出生后会很小很脆弱，需要妈妈的照顾；你已经是个强壮的大哥哥了，可以独自睡觉了。

对于这件事情，儿子应该也反复想过，终于在他4岁零8个月时，他很自然地跟我说："妈妈，我要一个人睡觉了。"那之后的半个月左右，他确实每天都独自睡觉，但有一天晚上他做噩梦哭醒，又要我陪他睡了。

孩子态度反复很正常，只要父母内心的态度是坚定要他自己睡的（但行为层面又要允许他有个过渡期），过一段时间他又会同意自己睡。因为随着他渐渐长大，他会想慢慢独立，渴望像父母一样什么都自己完成。我儿子从五六岁时经常想跑过来和我们睡，到七八岁时只有周末过来睡一天，到8岁后就再也不过来要和我们睡了。

不要害怕孩子的依恋，如果父母害怕孩子太黏人，每次给孩子的陪伴都不会是全心全意的。恰恰如此，孩子反而会因为害怕而想尽办法讨好父母。

我们要竭尽全力让孩子明白：父母的爱永远都在，他可以勇敢地去尝试和冒险，活出真正的自己。

怎样化解孩子的固执

其实，孩子只是想偶尔赢一下我们，当他慢慢感受到我们的宽容时，也不会继续执拗下去。通过这种方式，也可以让他学习付出与忍让。同时，他也会明白，经常这样做会让别人很不舒服，进而慢慢愿意改正自己的小毛病，而且对待别人的小毛病也会表现出宽容。

儿子在大部分时间都很讲道理，但偶尔执拗起来却九头牛都拉不回来，即便被揍也绝不改口。这曾让我们夫妻非常头疼，也曾导致我们夫妻出现意见分歧。

儿子执拗的事情通常很小。比如，偶尔不愿自己去尿尿，非要我们拿尿壶；或是偶尔不愿自己刷牙，非要我们帮忙刷。通常我都不同意，因为大部分时间我都在忙其他事情，而且发自内心不希望他连这么小的事情都找人帮忙，他爸爸的想法和我一样。

但是无论我们好说歹说，儿子就是固执己见，甚至会委屈地哭闹起来。在我看来，他是在用哭来威胁，这让我更火大，朝他屁股就来一掌。这时，他爸爸会把我拉开，正式开打。

但无论怎么打，儿子都坚持要那样做。到最后，见他爸爸打得实在厉害，我总忍不住冲过去护着孩子。这时，他爸爸就会很生气，觉得我出尔反尔，担心孩子会越来越不敬畏爸爸。

起初我也很矛盾，一方面觉得，为了这么点事情，不应该下重手打孩子；另一方面又觉得，他爸爸是对的。几次下来，对于这类事情我感觉很棘手。

于是，我开始反思这件事情。

第一，我自己小时候也是这样。我妈常说我是皮球，越打越高。记得小时候，我搬的凳子被哥哥抢坐了，我放好的热水被哥哥用了，我都会很生气，不依不饶地要妈妈主持公道。但妈妈才不管这些，只要我们吵架就各打五十大板。哥哥很圆滑，不顶嘴。但我很执拗，会站在原地边哭边喊："是哥哥抢了我的，打死我也是这样！"想起这些，我就特别理解儿子的固执，他的不依不饶像极了我。

第二，通常是他生病时，或者没睡饱时，才会出现这种莫名的执拗。起初，我觉得不能让他养成"我生病我最大""我瞌睡我就有理"的心理，也担心他以后会变本加厉。因此对于他的无理要求我坚决不同意，但儿子似乎比我更坚定，不依不饶，直到彻底惹火我们。我有时甚至会对着儿子大吼："为什么要在这么小的事情上任性？为什么要逼着爸爸妈妈打你？"

这是我内心的困惑，但以儿子的年龄还回答不了我，很可能他也不知道自己为什么要固执己见。我开始不断回忆自己小时候是不是也一样。确实，年幼的我有时明明知道父母是对的，但就是想通过小小的逆反来找存在感。我想，儿子在慢慢长大，他正渴求关注并试探自己是否被重视。

当想到这些，我的怒火平息了不少。

第三，对我来说，这件事最大的痛点，是我和丈夫对待孩子的意见不统一。以前我们夫妻在育儿上总是意见一致、配合默契，但对于这件事我俩分歧很大。

他觉得我没有坚持原则，这样只会纵容孩子。而我觉得，孩子的要求有时真的很小，而且他平时大多数时候都乖巧懂事，我不忍心因为这么一点儿事就惩罚他。

因为这样的事情，我和先生发生了两次冲突。我理解他对于我没跟他站在同一立场而生气，更理解他怕我对孩子不断妥协退让，会达到纵容溺爱的地步。

但我还是向先生表达了我的观点："我们打孩子是因为他做错事情，要受一些惩罚，而不是为了让他屈服于我们。如果我们要的只是孩子的屈服，孩子不但得不到教育，反而会过分在意输赢。儿子不是一个挨打就会屈服的孩子，这恰恰是他的可贵之处。人如果随着痛苦的升级就随便改变立场，不就成为了我们认为的叛徒，而坚定的人从来都不惧任何的痛苦升级。虽然我并不奢求咱们的孩子有多优秀，但我们一直都挺严格，我相信孩子不会变坏的。"

我先生点点头，同意了我的观点。

现在，面对儿子偶尔的小执拗，我通常会对他说："妈妈这次答应你，但妈妈其实并不想为你做这件事，因为这是你自己可以完成的事情。下次不可以再这样强迫妈妈，不然我也会强迫你做一件你不愿意做的事情哦！"这样既表明了我们的立场和态度，也偶尔同意他的小执拗。

其实，孩子只是想偶尔赢一下我们，当他慢慢感受到我们的宽容时，也不会继续执拗下去。通过这种方式，也可以让他学习付出与忍让。同时，他也会明白，经常这样做会让别人很不舒服，进而慢慢愿意改正自己的小毛病，而且对待别人的小毛病也会表现出宽容。

在生活中，与孩子之间的每一个矛盾、每一个冲突，对于父母来说都是一次功课。如果同质性的事情发生两三次了，我们就应该反思一下：我们真的做对了吗？否则每次冲突的模式固化，会一直影响我们的亲子关系。

也许你的孩子并不内向

我看到了内向的很多好处，比如乐于思考，做事有耐心。虽然有时我会羡慕外向的孩子活泼机灵，但我觉得性格是天生的，无须干预。然而，随着我越来越多地观察儿子，我发现，他在小区里看到一群孩子嬉闹玩耍的时候，眼神是追随的、向往的。当我越来越多地捕捉到他眼神中的向往时，我开始问自己：万一他渴望和一群孩子玩呢？是不是我过早地评定了他？也许他有更多的可能！

我的先生和我说过，他自己是个偏内向的人，儿子像极了他。我一直也以为孩子是偏内向的人，因为儿子平时很享受一个人安静地画画、玩乐高、看绘本。

一般情况下，旁边只有一个小朋友时，他们会玩得很愉快；但是，让他置身于一群小朋友中间，他就会有些不自在。如果周围都是陌生的孩子，那他大多数时候就只在旁边默默地看着。

对于他这样的个性，我能够接受，因为我在我先生身上看到了内向的很多好处，比如乐于思考，做事有耐心。虽然有时我会羡慕外向的孩子活泼机灵，但我觉得性格是天生的，无须干预。

然而，随着我越来越多地观察儿子，我发现，他在小区里看到一群孩子嬉闹玩耍的时候，眼神是追随的、向往的，但当我跟他说"你去和他们一起玩啊"，他却会立刻说"我不想"，然后很高冷地转过头自己玩起来。

我想，他喜欢这样，就由着他吧！可当我越来越多地捕捉到他眼神中的向往时，我开始问自己：万一他渴望和一群孩子玩呢？是不是我过早地评定了他？也许他有更多的可能！

同时，我想我先生的性格也未必天生内向，只是因为小时候每天被放在他外婆家，而外婆忙于家务，只能把他绑在床腿上。他童年时期每天都独自待着，长大后自然不习惯与一群人相处。并且，我先生的父亲也不是内向的人。那我凭什么判定我的儿子是个内向的人呢？可能他只是不会与人交流而已。

随着儿子的年龄渐长，他很快要去大的幼儿园了，那里的每个班级都有三十多人。如果在一群人当中，他感到畏惧、退缩，那去幼儿园对他来说一定是不快乐的。

于是，我开始做很多铺垫工作。

第一步，我带儿子做一个游戏。我扮演儿子，儿子扮演"陌生人"，然后，我会和这个"陌生人"打招呼，并要儿子慢慢听懂并记住我在交流过程中说的每句话。接下来，我扮演"陌生人"，儿子扮演他自己，他要用刚才学到的话和我打招呼。我们反复练习，最终让他很自然地把这些交流的句子内化成他自己的语言。

第二步，我开始有意识地让他主动跟人打招呼，或热情回应别人的招呼。以前我也会让他这么做，但他有时不愿意，我也没有强迫他。但自从我有意识地训练他以后，如果哪天看到他不跟人打招呼或不回应别人，我就故意一整天都不和他互动。

等到晚上，他会闷闷不乐地问我为什么一天都不理他。

"你不是也不理别人吗？保安叔叔每天帮你开门，保洁阿姨帮我们打扫卫生，他们不但问候你，而且为你服务，难道不值得你礼貌回应？"

儿子点了点头。

从那以后，儿子见人就会主动打招呼。刚开始他还有点儿腼腆，但后来他发现大家都更热情地回应他，便越发享受这样的交流过程，并逐渐习惯与人互动。

原来我以为他是个内向的孩子，实际上，他可能只是不懂得怎样与人互动。作为父母的我们，如果早点儿观察到这一点，并教会他如何与人互动，也许就为他解决了人际关系中最大的问题。

现代社会，人际交往能力已经成为个人事业成功、生活幸福的重要因素。实践证明，凡有大成就的人都具有良好的人际交往能力。这种能力，其实就是理解他人的能力，比如，如何去感受别人的情绪、了解他人，然后在此基础上进行沟通与合作等，达到自我提高、自我发展。

对于孩子来说，交往和其他任何习惯一样，应该从小培养。作为孩子的第一个交流对象、启蒙老师——家长，应懂得积极、主动地与孩子进行交流，协助、引导孩子学会与人交往。

孩子需要一些挫折教育

鼓励和欣赏孩子，确实可以奠定孩子自信的基础。但让孩子从小经历一些挫折与失败，不仅可以使孩子变得更加坚强，用平常心去面对失败，而且可以锻炼孩子以积极进取的心态迎接下一次挑战。

我们的工作室接待过很多休学的孩子，这些孩子基本上都有一颗"玻璃心"。从表面上看，是一次不理想的考试、一段不愉快的校园生活，导致他们休学。但是，很多孩子都会遇到这样的问题，为什么只有少部分孩子因此休学？究其原因，是因为这些孩子对于挫折和失败的体验太少了。

鼓励和欣赏孩子，确实可以奠定孩子自信的基础。但让孩子从小经历一些挫折与失败，不仅可以使孩子变得更坚强，用平常心去面对失败，而且可以锻炼孩子以积极进取的心态迎接下一次挑战。所以，我们一直非常注重对于儿子的挫折教育。

儿子是个相对内敛的观察型孩子，个性也比较倔强。他在幼儿园表现得普通得不能再普通，每次文艺表演他都是小配角，并不是老师和同学们会关注的对象。

记得有一次运动会，因为我们带他回老家扫墓，所以很多项目他都没有参加，回来时只剩跳绳一个项目了。

运动会结束颁奖的那天，我观察到几乎所有的小朋友都有收获，例如奖杯、奖牌或奖状，唯独儿子什么也没有得到。他在现场踮着小脚，仰着头，眼神里充满期盼，但直到颁奖结束也没有被念到名字。

看着儿子失望的眼神，我是心疼的。但转念一想，其实没有关系，人生本来就不会一帆风顺。颁奖结束后，孩子有点儿沮丧，但并没有哭闹。

在回家的路上，儿子也不怎么说话，于是我轻声地问："我看见好多小朋友都拿了奖，为什么你没有呢？"

他有点儿不高兴地说："老师之前说我会有奖状，骗我的，哼！"

"是这样吗？"

"对呀！"

"再好好想想，老师是不是只说你可能有奖状，但因为后来别的小朋友比你跳得好，所以你就没得到奖状？"

"嗯，妈妈，我今天穿的裤子太松了，一跳裤子就掉，于是，我就总是停下来提裤子。"

"所以老师应该没有骗你哦！你的裤子好像是有点松，那你下次跳绳比赛时，要记得穿紧一点的裤子。"

"哦，好的。"

"不过，妈妈想问，就算今天裤子是紧的，你是不是也拿不到奖杯？"

儿子沉思了一下，说："是的，班上好多人跳得很好、很厉害。"

"那你知道他们是怎么做到的吗？"

"不知道。"

"据妈妈所知，那几位跳得很好的小朋友都是每天练习的，而你每隔很久才练习一次，当然比不过人家了。"

儿子若有所思地问："是这样吗？"

"当然，没有人天生就会做得很好。人家够勤劳，当然收获更多！"

从此以后，儿子每天都练习跳绳，没过多久，他就跳得相当好了。又过了一段时间，他们班上将跳绳作为体能训练项目，儿子回到家第一时间告诉我："妈妈，我现在是班上跳绳最厉害的人，老师说我跳得又多又轻快！"

"真的啊？看，妈妈没有骗你吧，练习越多就会跳得越好。其实，很多事情都是这样的，你想比别人做得好，就要比别人练习得更多、更刻苦。"听到我这样说，儿子也非常高兴。

其实孩子通过自己的努力获得认可是他们快乐的来源。很多时候，教育的机会是要等待的，但前提是我们心里很明确，想塑造孩子怎样的品格。

比如，我知道一个人应该如何面对挫折与失败，我就会朝着这个方向培养孩子，顺便也使孩子具备了勤劳刻苦、迎难而上、自信快乐等性格特点。但能让孩子从挫折走向健康的重点是：第一，孩子遇到挫折时父母的回应是淡定的；第二，父母有能力协助孩子从挫折中通过努力获得正向回馈。

教育孩子的焦点，始终要放在如何让他成长上，孩子的问题要视为成长中的问题，要在成长中解决。

失败乃成功之母，但目前的教育缺乏失败教育。现在的父母、孩子都太害怕失败了，一旦孩子失败，就会陷入各种伤害里面无法自拔！

古人谈到教育是"天将降大任于是人也，必先苦其心志，劳其筋骨，饿其体肤，空乏其身，行拂乱其所为，所以动心忍性，增益其所不能"。但是，现在的孩子，太缺少失败教育、苦难教育了！

如果父母、老师能懂得利用人生路上的每一个错误、失败、挫折，让孩子从中学到东西，吸取经验教训，并能因此有所进益，那就是最好的教育了，当然这里的挫折教育、苦难教育是指孩子人生路上自然遇到的，父母利用好就行，也没必要给孩子故意制造挫折和苦难。

没有失败的人生，没有挫折的人生，是不真实的，至少是没有厚度的！如果家长、老师能以这样的角度来认识教育，结果就不一样了。

教育一定是站在"百年树人"的长远规划上来做的，而不是计较眼前一城一池的得失。一旦放在百年树人的角度，那眼前的这些坑坑洼洼，都是教育的良机，都是让孩子成才的良机。如果是这样，何来教不了的孩子？

所以，作为父母，要放慢脚步，允许孩子失败，允许孩子落后于人，让孩子在挫折失败中不断汲取力量，获得智慧、勇气与力量。

如何处理孩子的小情绪

两岁以内的孩子,他的情绪是基本需求的反映。这个阶段,无论孩子是饿了、便了,还是需要抱抱,我都会尽量满足他。这时的满足,会为孩子一生的安全感奠定基础。

孩子两岁以后会互动,会交流,会有意识地利用情绪控制父母时,就需要延迟满足并培养孩子的规则意识,而不能一味地满足了。

随着接待的休学家庭越来越多,我们发现孩子会出问题,基本都是父母在情绪处理上出现问题。大部分家庭要么没有树立正确的是非观,只注重孩子的情绪;要么严重忽视孩子的情绪,让孩子活成了孤岛。

只注重孩子情绪的家庭,孩子的受害意识往往非常强烈,极其任性骄纵,不顾及别人的感受,属于"只准自己放火,不准他人点灯"的类型,也是目前休学家庭中最普遍的类型。

忽视孩子情绪的家庭,父母通常根本不知道孩子怎么了,孩子的情绪从未说出口,也没有得到过回应,内心变成荒漠孤岛。遗憾的是,如果不是孩子出现了严重问题,这群父母是不可能来到我们面前的。

所以,如何正确处理孩子的情绪,其实是作为父母非常重要的功课。

不同年龄段的孩子，要用不同的方法对待他们的情绪。

比如，两岁以内的孩子，他的情绪是基本需求的反映。这个阶段，无论孩子是饿了、便了，还是需要抱抱，我都会尽量满足他。这时的满足，会为孩子一生的安全感奠定基础。

孩子两岁以后会互动，会交流，会有意识地利用情绪控制父母时，就需要延迟满足并培养孩子的规则意识，而不能一味地满足了，当然这是个动态的过程。

我儿子两岁半左右才真正会说话，从那时起，对于孩子不合理的情绪要求，我就开始不理会或拒绝了。当时虽然我比较关注孩子的情绪，但并不会以孩子的情绪为中心，哄着他，而是会针对引发孩子情绪的事情，去很正式地纠正孩子的情绪和行为。但孩子处在情绪里，很难听我的话。

刚开始我以为我太严厉了，于是不断调整自己的脾气和耐心。毕竟孩子和我对抗多了，我就会知道自己肯定是有问题的。

通过调整，孩子的对抗逐渐减少，很多话他也能慢慢听进去了。但是时间长了，我又发现了另一个问题：儿子的情绪很容易波动。

虽然儿子的情绪不是泛滥、放纵、试图控制别人的，但是我觉得一个男孩子也不能动不动就情绪波动、感觉委屈、爱哭。毕竟在这个世界上，我们要承受的委屈太多了，受得了多大委屈才担得了多大事。但孩子有情绪又不能强压着，因为这不利于孩子的心理健康。

于是，我又检视自己对待孩子的方式是否出问题了，最后发现，我处理孩子情绪的方式太郑重其事了，太用力了，这样无意识中就促使孩子去注意情绪。于是,我又慢慢地调整对待儿子情绪的方法。

平时我会向儿子灌输"男孩子不能老是哭"的观点,并树立他爸爸的形象,他爸就很少用哭来解决问题。

等到儿子真的因为某件事发生情绪波动时,我会先看这件事本身是否严重。如果触犯了规则,我就会立刻制止,不多说什么。

被我制止和呵斥时,儿子通常会感到很委屈,眼眶会红或者眼泪直接流出来,他会赶紧转过头去擦眼泪,这时我也就假装没看见(这样既避免情绪强化,也能给孩子空间自己调整)。其实儿子明白自己是男孩子,不能总是哭,他自己也想克制情绪。

但如果我正儿八经地说"男孩子哭什么哭",其实对他而言也是一种否定,他反而会更难受、更委屈,会迅速哭出来,因为他对自己这么容易哭其实也很沮丧。所以,为了不让他聚焦在控制情绪上,我现在基本都装作不知道他哭了。我发现,他委屈想哭的情绪只停留几秒钟,然后就可以迅速调整好,转而专心处理事情。

对于儿子因小冲突、小矛盾而产生的情绪,我现在都会淡化处理,甚至就让他难受着,锻炼一下他的逆商,这样有助于培养孩子在关键时候克制情绪,做对事情。

当然,孩子真的很委屈、很失落的时候,我还是会在他情绪过后安抚他。毕竟他还小,内心有父母的支持,才会走得更远。

孩子在公众场合无理取闹怎么办

很多时候，是我们大人不懂如何处理突发情况，觉得在公共场合，孩子令自己丢面子，于是为了息事宁人而不敢坚持原则。因此，孩子渐渐学会了在公共场合通过哭闹的方式要挟父母。

曾经接到过一位妈妈的咨询：她家孩子3岁，参加乐高课堂时，工作人员说服妈妈带孩子参加乐高比赛。当时妈妈征求了孩子的意见，孩子也同意了。

事实上，3岁的孩子对很多东西并没有概念，他答应的事情可能是他完全不清楚的。

比赛时，孩子刚玩了一会儿就闹情绪，哭得很厉害。

面临这种突发事件，这位妈妈不知道应该怎么处理。虽然没有冲孩子发火，但她感觉很尴尬、没面子，只能抱起孩子迅速逃离现场。

大人希望孩子在公共场合表现得优秀一点，这是人之常情，就像我们参加聚会时会精心打扮一样，所以这位妈妈的感受是非常正常的。但我们应该如何应对或避免孩子出现这种情况呢？

我记得，儿子2岁多的时候，我带他去参加一个幼儿园的活动。他是一个观察型的孩子，到了陌生的场合，他总是在旁边观察，但不参与。

看到别的小朋友玩得非常起劲，我就多次催促他去玩。但他只玩了一小会儿就不愿意了，还委屈得哭了起来。

于是，我拼命地安抚他，许诺等活动结束后给他买冰激凌，还带他去坐摇摇车。听到我这样说，他倒真的不哭了，但他清楚地认识到，我在这样的场合对理想人格的渴求度。于是，以后再去公共场合，儿子就开始对我各种索取和威胁，不满意就要"大闹天宫"。经历过一两次这种情况后，我也不干了，打定主意就是老娘脸不要了，也不能惯着你这毛病。

我开始想办法调整他的这个行为，尽量在出发前告诉他：

第一，今天要干什么，在这期间大家要遵守怎样的规则。比如，不可以大声说话，不可以哭闹，不可以随意跑动。但并不需要提前说太多，因为小孩子容易忘。

第二，如果他遵守规则，就会如何奖励他。比如，陪他看一部动画电影，陪他做一个手工，陪他搭一个乐高模型，或者给他讲一个新故事，尽量让孩子自己选一样。

第三，一旦违反规则，会如何惩罚。比如，打屁股几下，不能吃饭，减少零食的数量，取消周末带他去游乐场，或者取消周末聚餐。

如果想让孩子有规则感，最重要的就是当他遵守或违反规则时，奖励或惩罚一定要执行到位。否则，给他讲再多道理都没有用。

通常，父母执行奖励都很积极，这体现的是父母对孩子的爱；但执行惩罚经常会不忍，而这就是一种溺爱了。家长要记住，如果现在不忍心惩罚孩子，将来他走到社会上，一定会有人替你惩罚他，到那时孩子承受的痛苦要超过现在的百倍、千倍。

需要注意的是，父母尽量不要对孩子进行太多的责骂和贬低，只要温柔而坚定地执行几次惩罚，孩子就会知道遵守规则的重要性了。

做到以上几点，可以避免大部分孩子在公共场合无理取闹。但还是会有其他意外情况导致孩子哭闹，比如，与小伙伴发生冲突、不小心摔倒、被吓到，等等。

有一次，我带儿子去波波池玩，他就被转动的小木马给甩了下来。尽管儿子掉在软垫上，并没有摔疼，但可能受到些惊吓，于是，他哇哇大哭起来。

我怕他被转动的木马撞到，也为了不影响其他小朋友玩耍，于是抱着他离开一段距离。这却让他闹得更厉害，不仅哭声更大，甚至抬手来打我。

"妈妈没有做错事情，你为什么要打妈妈？"我打回他（小孩子打人并不疼，但是绝不能让他养成任意发泄情绪的坏习惯）。

此时他更加生气了："你就是做错事情了！"他又来打我。

我就按他的力度再打回他，我说："你再打妈妈，妈妈也会再打你的！好啦，妈妈抱抱你，你不要再打了。"

他还是很倔强地要打人，于是我起身离开："你是个不讲道理的孩子，妈妈不愿意跟你待在一起。你不跟我道歉的话，我就不想理你。"

他尖叫起来，边哭边喊："不要不要！"

我坚决地推开他（孩子对事情的认知，取决于父母的态度。错了就是错了，父母态度必须坚决）。几个回合后，他还是"不要不要"地叫着，但口气软了，说："我要你抱抱我。"

我过去抱了抱他，说："妈妈可以抱抱你，但是你依然要向妈妈道歉。"

他一边抽泣一边说："对不起。"

"嗯，妈妈原谅你了，别哭了好吗？"

很快，儿子就安静下来，我一边抱着他，一边说："我们在公共场合会玩得很开心，但我们对一些东西不熟悉，会受伤，也会和其他人发生冲突。如果你因为一点小事就大哭大闹，妈妈就会觉得你影响了别人，也觉得特别尴尬，特别失礼，那妈妈以后还能带你出来玩吗？"

儿子回答："我要你带我来玩。"

"那下次出现类似情况，你可不可以不要哭闹？况且你根本没有摔疼，是吧？"

没过多久，他又很高兴地玩了起来。

很多时候，是我们大人不懂如何处理突发情况，觉得在公共场合，孩子令自己丢面子，于是为了息事宁人而不敢坚持原则。因此，孩子渐渐学会了在公共场合通过哭闹的方式要挟父母。

如果父母能够不怕丢面子，在任何时候都对孩子严格要求，孩子就不会得寸进尺。

习惯塑造期，父母要坚定

每个孩子都是通过与父母的互动来掌握与外界互动的分寸和规则，也会在与父母互动的过程中试探父母的边界和底线。但是，如果父母一会儿遵循严厉的教育方法，给孩子立下各种规矩；一会儿奉行"爱与自由"的教育理念，对孩子无限包容，在孩子看来，父母的界限就是模糊的，父母提出的所有要求都是可以讨价还价的。

有些妈妈在养育孩子的过程中，看过非常多的育儿书，满脑子都是各位教育学家的育儿观念，孩子几乎照书养，非常精细、周到；同时因为害怕孩子受伤害，对孩子又极度慈爱与容忍，以致孩子非常任性，生活自理能力也特别差。

由于各个教育学派的观点并不完全一致，家长们融合各家观点的结果，可能就是各种声音在脑海里打架。一边是爱与自由，一边又是严厉与管教，夹在中间的家长总是掌握不好那个度。

当孩子任性闹腾到受不了时，就想严厉管教他；但这时，他又好像很受伤，看着他可怜无助的样子，家长又瞬间投降，心里满是不忍与内疚。

每次与孩子相处，刚开始都是满心欢喜，但共处时间长一些，内心的火苗就会蹿起来很多次，恨不能把孩子扔给家人看管。

实际上，这些父母与孩子相处的时候是非常痛苦的。因为他们想要表现得极度宽容、忍耐，所以需要极度压抑真实的自己。而此时孩子会觉得爸爸妈妈很"假"，也就是情绪不真实。

实际上，每个孩子都是通过与父母的互动来掌握与外界互动的分寸和规则，也会在与父母互动的过程中试探父母的边界和底线。但是，如果父母一会儿遵循严厉的教育方法，给孩子立下各种规矩；一会儿奉行"爱与自由"的教育理念，对孩子无限包容，在孩子看来，父母的界限就是模糊的，父母提出的所有要求都是可以讨价还价的。

比如，妈妈要孩子收拾玩具，虽然妈妈苦口婆心地和孩子讲一通道理，但孩子就是不停撒泼耍赖，一直逼到妈妈发火，他就开始表现得受伤可怜。妈妈一看到孩子这样，内疚与自责又涌上来，就会觉得何苦把孩子逼到这份上，他还小，算了，等长大了自然就会明白，于是又帮他收拾了。

这是很多父母与孩子互动的常态，但这种"常态"恰恰是应当改变的。

具体要怎么改呢？我们以帮孩子养成刷牙习惯为例。

首先是铺垫，需要让孩子明白刷牙的重要性。一般孩子都喜欢读绘本故事，那么这段时间家长就可以故意翻一些与牙齿有关的绘本，然后重点阐述孩子喜欢的卡通人物有怎样良好的刷牙习惯，激发孩子的模仿心理；同时，也找到一些不刷牙的故事绘本，描述不好好刷牙的可怕后果，如蛀牙、牙痛等。

这只是第一步而已，孩子并不会因此就养成刷牙的好习惯，毕竟对孩子来说惰性的本能大过一切。

其次，父母还要有意识地在孩子面前刷牙，引起他的模仿欲。一般这时孩子已经会试图偶尔刷牙了，有一些比较听话的孩子到这步就可以了，比如我们的二宝这样就可以坚持刷牙了。当然有些孩子轴一点，比如我们家大宝，刚开始是因为好奇和新鲜，他会比较开心地做，过几天就会失去兴趣和耐心。这时，父母需要从刷牙这个枯燥的行为里找出一些乐趣。

比如，孩子偶然间刷出一条肉丝和菜叶，父母可以既惊奇又兴奋地大喊："呀！你看你刷出了一个什么东西，这么恶心！"刚开始他会愣一下，但很快他就会哈哈大笑："这是我晚上吃的××！"这时孩子就会兴趣高涨，不断在口腔的各个位置刷，因为他想刷出更多东西，好像他满嘴都是宝藏似的，他变成一个寻宝人；刷完后再来个花样吐水，他就更高兴了！

这样的兴奋一般可以维持1—2周，离形成习惯还很远。放心，后面还有"撒手锏"——奖罚制度。例如，可以把孩子爱吃的东西与刷牙挂钩，如早上给他一块糖时，强调一下："吃了糖很容易蛀牙，今晚可一定要记得刷牙，不然明天就没糖吃！"如果孩子执行了答应的事，第二天就多给他一块糖，这种突如其来的惊喜会令他非常高兴。

但如果孩子答应了却没有执行，第二天是一定不能给糖的。无论他怎么哭闹，父母都一定要坚持到底，只跟他说："我们昨天已经说好了，是你没有做到。不行的事情就是不行，哭闹是没有用的。"这些话顶多说一两遍，然后就不理他了，父母该干什么干什么去，千万不要絮絮叨叨一直说。

不应和他的任何哭闹，也无须打骂，只需要坚定地坚持不给。这个行为的目的就是让他明白，他的哭闹、耍赖是不起任何作用的，如果还不想刷牙，第二天就会取消所有零食和他爱吃的食物。一直到刷牙习惯坚持一个月，基本这时孩子的这个习惯才会开始固定下来。

这些步骤并不难，家长们照着做，就会有成效，孩子的其他习惯也可以用同样的方法去建立。

适当的欣赏与接纳，才能激发闪光点

对于我们身上某些重大的缺点，我们没有办法通过痛恨它而摒弃它，只能发掘这些缺点所具有的积极方面，在心里真正接纳它们，或者至少不厌恶这样的自己。

曾经有一位妈妈来找我咨询孩子的问题，她说，孩子做事非常拖拉，每次都要她厉声呵斥，孩子才愿意动。她觉得她的孩子天性顽劣，很难管教，这让她感到很抓狂。

"那么，你是怎样看待自己的呢？"我问。

"我觉得自己更差劲，没有任何优点。我恨自己如此没用，甚至在心里深处看不起自己。"说到这里，她有些哽咽，"我讨厌自己的卑微，讨厌自己总是在乎别人的眼光和感受。为了让父母看见我、爱我，作为老大的我总是在家里任劳任怨。为了让父母好过一点，大冬天，我干完地里的活，就抢着洗一家人泡在冷水里的衣服。从早到晚，我从来不敢让自己停下来。我只希望父母能够看见我，可是从来没有，在他们看来，我做任何事都是理所当然的。"

对于她的感受，我非常能理解。人有的时候就是会对自己身上的某一点不能接受。

比如我，脾气急躁，缺乏耐心，曾经我非常痛恨自己这一点。特别是之前听说过"脾气暴躁的人难以有成就""脾气暴躁的人几乎不可能家庭幸福""脾气暴躁的母亲会让孩子受很大的伤害"，以及佛家的"火烧功德林"的典故，更让我挫败不已。对我来说，真的是句句诛心。

我特别希望自己能变得温柔而有耐心，但我就是没有，只能用拼命压抑的方式来对待自己的这个点。但实际上最多能在外人面前装装样子，面对自己亲近的人，比如自己的母亲、自己的家人，真的做不到，我和前男友就是因为我脾气不好而分手的。

后来我和我先生在一起，他也没少受我这个坏脾气的折磨。结婚的头两三年，我经常和他吵架，对孩子也不够耐心。那几年我极其痛苦，觉得所有的担忧都应验了，"脾气暴躁的人就是家庭不幸福，脾气暴躁的人就是教不好孩子"。但我越想改就越改不了，因为注意力全部在这上面，完全应了那句"压抑有多厉害，反弹就有多厉害"。

后来，我事业失败，负债累累，整个人生进入前所未有的低谷。在绝望和崩溃的主色调下，对于坏脾气的焦虑似乎被我慢慢淡忘了。那时，我能不能活下去都成问题，管他好脾气还是坏脾气，解决眼前的困难才是最重要的。

这时，我才渐渐发现脾气急的好处。当年和我先生遭遇婚姻危机时，因为我的个性急，绝不让婚姻得过且过，所以才能坚定顺利地度过婚姻前几年的磨合（但没少受折磨），逐渐走向幸福。出现债务危机时，也因为我的个性急，绝不愿拖延和逃避，所以我们家得以快速度过这个难关。虽然这些问题得以解决，绝对不只是因为我脾气急，但毫无疑问，这个个性在推动事情发展方面起到了非常积极的作用，我先生调侃我是"小马达"。

我想说的是，对于我们身上某些重大的缺点，我们没有办法通过痛恨它而摒弃它，只能发掘这些缺点所具有的积极方面，在心里真正接纳它们，或者至少不厌恶这样的自己。

想一想，自己或孩子身上那些令你厌恶的点（很多点其实是一体两面的），是不是也曾有过闪光的时刻，是不是也曾成就过你。

比如，一个人总是卑微、退让，宁愿自己吃亏也不会占别人便宜，宁愿自己委屈也从来不敢让别人受伤，在人际关系中总成为付出的一方。虽然有时被别人欺负，但也正是那些导致他容易被欺负的特质，使别人觉得他是安全的、包容的、容易相处的，所以别人愿意相信他，放心把事情交给他去做的。从这个角度看，卑微（另一面就是谦卑）、退让恰恰成了人际关系中的润滑剂。

而对于这位妈妈来说，小时候，家境贫困，兄弟姐妹多，她又是老大，并且是女孩，在父母眼中确实容易被忽视。但恰恰因为父母的忽视，她让自己更加优秀，比如更加勤劳、更加隐忍、更加谦让、更加能干。

虽然现在看来，这些都源于她讨好父母、获得关注的动力，但也无疑造就了她的一些优良品格。原生家庭确实有错，父母确实不公平，她心里对父母有怨恨也是正常的，但现实以这种方式补偿了她。

我们主性格里面的东西，往往会跟随我们一生。比如，我的脾气急躁，我永远无法变得性格温柔，做事慢条斯理，我只能在现有的基础上调得相对中正，做到不那么急躁。

对于这位妈妈来说，原本的卑微、谦让，不可能变成张扬、无所顾忌。那就需要好好利用自己性格中谦卑、包容的部分，同时觉察自己退缩、讨好的部分；或者说，看住自己想讨好别人、获得关注的部分，同时利用自己的优良品格来获得幸福，这才是我们应该努力的方向！

回归我们的亲子问题，每个孩子都不是十全十美的，都会有缺点和不足。在孩子性格习惯的养成期，父母需要对孩子严格一些，尽量培养孩子良好的性格和习惯。但是，当孩子的性格和习惯已经形成，父母就需要给予孩子更多欣赏与肯定，鼓励孩子将缺点、弱点转化为闪光点。

把握好孩子两三岁的成长关键期

一般我会选择在孩子两岁半到三岁这段时间去纠正孩子任性哭闹的行为。因为孩子出生以后，需要足够长的时间来建立起对父母的安全感，也就是所有需求都能得到父母回应的那种体验。而到了两三岁的时候，父母已经跟孩子建立了明显的亲密关系，孩子对父母的依赖度、安全感全部已经建立起来。这时父母就要开始给孩子树立规则意识。

我家三宝从一岁零七八个月开始，就表现出了一个特别明显的特征，那就是"说不得"。无论大人说她什么，只要有一点点批评责备的意思，或者虽然大人没有责备的意思，但她认为有，她就会哭闹起来。

比如，她吃饭时把食物洒出来，我们让她小心一点，她就会立马哭起来。我先生看到孩子用手抓菜，手上沾满油乎乎的汁就去揉眼睛，只是提醒她这样会把眼睛弄疼，她就会"哇"的一声哭起来，而且哭的时候嘴巴还会一直念叨着"不要不要"，意思可能是"你们都不要来说我"。

这种情况，在大宝和二宝的身上也发生过，但持续时间不是很长，最多半年。当时我们只是轻轻地纠正了一下，孩子就逐渐改掉了这个毛病。

第三章　日常教养，塑造孩子核心品格

大宝和二宝的执拗期也发生在两三岁，当时我只要冷淡回应他们无缘无故的哭闹、撒泼耍赖，他们很快就会觉得没趣，而停止这种行为。

而三宝的这个行为相对最明显，持续时间也是最长的。

在三宝两岁左右时，我已经发现了她的这个问题。不过，我觉得那时她还太小，需要通过这种方式来获得安全感。如果在孩子太小的时候纠正她，对她的哭闹采取冷淡、不回应的纠正方式，她还没有获得足够的安全感，就不容易对父母产生依赖、信任和安全感。

一般我会选择在孩子两岁半到三岁这段时间去缓慢纠正孩子任性哭闹的行为。因为孩子出生以后，需要足够长的时间来建立起对父母的安全感，也就是所有需求都能得到父母回应的那种体验。而到了两三岁的时候，父母已经跟孩子建立了明显的亲密关系，孩子对父母的依赖度、安全感全部已经建立起来。这时父母就要开始给孩子树立规则意识。

假如在家里，孩子总是可以通过哭闹来获得他想要的东西，他就会成为这个行为模式的既得利益者，那他就会不愿意改变这个行为模式，也就不会再进步。因此，我们会在孩子三岁的时候让他赶紧进入幼儿园。

而在三宝两岁以后，我就慢慢地把精力放到了工作上，由她的外婆过来带她。所以，三宝跟外婆格外亲密，外婆逐渐成为她的安全感来源。

外婆对三宝极其宠溺，所以我现在推测三宝是因为躲在外婆这个"保护伞"之下，所以她任性哭闹的行为一直没有得到纠正。

现在我们两夫妻只要稍稍一说她，她就会立马去外婆那里找安慰、

找抱抱、找支持，这也是我们目前干预不了三宝的原因。

同时，三宝一直跟我们住在一起，她对我这个妈妈有很大的亲昵感。只是因为外婆陪她的时间实在太长了，所以她任性哭闹的行为会在外婆那里得到保护，得以滋长。所以，我想在三宝三岁以后，建议我妈暂时回老家一趟，等我们把孩子的这个行为去除得差不多时，再做动态的调整。

往深层去想，实际上，三宝停滞在听到我们对她的教育或者建议，只能理解字面的意思，只能看到大人对她的指责和批评，而看不到我们背后的善意。

而孩子任性哭闹的行为被纠正后，就会往成人的方向去发展，会慢慢知道大人教育他是为了他好。

例如，二宝做了不对的事情被我们训斥，她会露出带有歉意的微笑，因为她知道我们是为了她好；而三宝被批评后则会哭得很伤心，好像受了莫大的委屈。

二宝之所以能听懂大人批评的话语背后的善意，是因为她的思维线更长，不会停留在话语字面的意思上。

而我们在生活中会发现很多成年人，他们的心理逻辑年龄就停留在类似我们家三宝的这种幼年阶段，这些人听话语，只听表面上的意思，然后就揪住字眼不依不饶。

有些成年人的这股"熊"劲儿经过日积月累，会非常大，纠正起来非常困难。所以，我们一定要在孩子两三岁时就有意识地纠正孩子这些不当的行为模式，不然等到孩子长大，变成一个"熊大人"，再想改变就太难了。

第三章 日常教养，塑造孩子核心品格

孩子"熊"的程度和父母的养育方式的关系，具体可以分为四种。

第一种是被权威型父母管住的孩子，这种孩子对父母不仅有畏，还有非常明显的敬意和向往，这种孩子基本比较通情达理，也容易获得比较高的成就。因为这种孩子的自控能力通常会非常强，这是优秀人格形成的基础。

第二种是父母能基本管住的孩子，也有一些底线，但没做通孩子的思想工作，孩子对父母更多的是畏，因为孩子在心里是不服和抵触的，所以在父母管不到的地方就会生出一些"熊"劲儿，很多普通人就是这样的。

第三种是父母想管但管不住的孩子。这种孩子会有比较显性的"熊"劲儿，其中有些只在家里"熊"，有些在家里家外都很"熊"。这种孩子，生活幸福度会低很多，比较容易过得不太幸福。

第四种是父母不但不管，还会欣赏和暗暗地支持孩子的这种"熊"劲儿的孩子。这种孩子以后会比较容易出问题，或者说容易出现显性的人格障碍，比如反社会人格等。

以上只是大致分类，不建议对号入座。但孩子就算有问题，只要自己能意识到并愿意改，接受干预和治疗，也是可以恢复或部分恢复理性人格的，只是程度不一样，干预难度不一样。

但无论怎么说，等孩子长大，"熊"劲儿固化了再改，就非常费时费力。而有智慧的家长在孩子三岁左右有意识调整的话，其实是非常省时省力的，不然随着孩子逐渐长大，作为父母中晚年堪忧啊！

第四章

让孩子爱上幼儿园

选择幼儿园，家长需要关注哪些问题

选择幼儿园，最重要的是园长理念客观中正，管理经验丰富；老师的流动率低；活动的地方宽敞，孩子户外活动时间充足——既普通又正规就可以了。什么爱与自由，什么先进理念，都是浮云。因为咱们的孩子就是普通人，普通适当的关爱就可以了。

进入幼儿园是孩子步入社会的第一个环节，甚至对于孩子的一生来说都是至关重要的。

在儿子两岁多时，我开始思索怎样选择幼儿园了。按就近原则，我经常去家附近的各个幼儿园逛。

从周围的妈妈或幼儿园老师、园长处听到的，都是他们的教育理念多么先进，教学设备多么顶尖，师资多么卓越……但仅了解这些是不够的。

其实，我最想观察孩子和老师是怎样进行日常互动的。可惜大部分幼儿园并没有家长开放日，理由是会影响幼儿园的正常教学活动。这一点我非常理解，被家长监视，老师们一定会觉得不舒服。但怎样才能了解到众多幼儿园的核心差别呢？

一次偶然的机会，我发现小区里有一家新开的早教中心，它的活动区有孩子爱玩的各种设备。可能由于刚开业，为了吸引顾客，所以允许家长带孩子进去免费玩。

其实刚开始，我并没想把孩子送到这里，纯属带孩子去蹭玩。

但在接下来的半年间，我得以近距离观察这里的老师和孩子的互动。

因为那里是做早教的，所以有些孩子不到两岁，连话都说不清楚，就被送来。他们的父母大都是忙碌的上班族，根本来不及安抚孩子，匆匆放下孩子就要去上班。

我经常看见一位叫小乔的老师抱着一个哭泣的孩子从教室走出来，一边在孩子耳边轻轻地说着爸爸妈妈去哪儿了，为什么会把他送到这里，什么时候会来接他，一边抚摸着孩子。等孩子情绪稳定下来，就带他去寻找他感兴趣的东西并且陪他玩。等半小时、一小时后，孩子情绪好转，再带回教室。

当时我想：等我的孩子初入幼儿园，有这样一位老师就好了。

后来我观察到的情况，让我下定决心把孩子送到这里。

每到自由活动的时间，早教中心的孩子们就像野马一样从教室冲出来，像小狮子一样扑到老师的身上，又像小绵羊一样在老师的怀里打滚。

这就是我想看到的那种互动：师生之间亲切不拘谨！

处理孩子之间的矛盾，这里的老师也有很好的方法。

有一次，我看见一个顽皮的男生把一个女孩打哭了，小乔老师赶紧抱起女孩安抚，然后耐心地要求男孩道歉。那小家伙起初不肯道歉，但小乔老师就是不放过他，一直温柔而坚定地要求他为自己的鲁莽行为负责，直到男孩最终道歉。

此外，我还发现这里的孩子被要求学会自理，如穿衣、吃饭、换鞋。老师不会替代和包办，除非面对特别小的孩子。

我认为，一个幼儿园，除了对孩子有爱心、有耐心，还要培养孩子的社交能力、自理能力，对文化知识的讲授反而是次要的。

以上这些，已经让我对这家早教中心非常满意。但是很快，我又发现了新的惊喜。

我经常在周末带孩子去玩，总见到老师和阿姨在搞卫生，甚至一两周就把波波池里的小球一个个拿去清洗、消毒、烘干。这是一个非常费劲的活，我原以为一年可能只会洗一两次而已。

这个早教中心对于细节的处理确实超乎我的想象。

就是它了！我果断选择了这个早教中心。

但是，实际上我儿子只在这里待了半年，因为他马上三岁半了，超过了早教的年龄，我不得不重新为他选择幼儿园。

我对比了好几家，一直选不到令我满意的幼儿园。说实话，附近几个幼儿园都宽敞明亮，设备好，活动场地的游戏设施是之前的早教中心没法比的。因为这几家幼儿园都差不多，所以我最终选了一个离家最近的。但是，这个幼儿园最终令我感到很失望。

去幼儿园的第一个月，儿子非常抗拒。我觉得这很正常，孩子需要适应一段时间。但是两三个月后，他依然抗拒上幼儿园，每天早晨送儿子去幼儿园，都要经过一番撕扯哭闹。虽然我从不迁就孩子的任性，但

第四章　让孩子爱上幼儿园

我也不能忽视孩子的感受。

于是，我只好每天很晚送孩子去，很早接他回来。但无论是晚送还是早接，每次都会看见孩子们整整齐齐地坐在桌子旁边，孩子之间没有互动，老师和孩子之间也没有亲昵的接触，彼此都是疏远而拘谨的。

我跟儿子以及他的同伴求证过，他们几乎每天都待在课室，很少出去活动。那么好的活动场地，我觉得很可惜。

想到孩子每天到园都抱着我的大腿不肯放，好像我把他送到了龙潭虎穴一样，我就扎心地疼。

我理解幼儿园的老师担心孩子顽皮胡闹会受伤，导致家长不满责怪；也明白他们每天面对一群小魔王，肯定会有失去耐心的时候。

比如，儿子对我说："我不喜欢某老师，中午我不睡觉，她会骂我。"我就会告诉他："那是因为你没听话，影响了别的小朋友，老师当然应该骂你，你影响妈妈睡午觉，妈妈也会骂你啊！"

我还跟儿子说："每个小朋友都要努力适应新环境，因为你以后上小学、中学、大学都会接触新环境，长大后进入社会也要去适应这个社会的一切。所以不能总选自己喜欢的人相处。"

儿子似懂非懂，虽然同意去幼儿园，但到了幼儿园似乎就没有那么理性了。我也清楚，相比那些大道理，在孩子的价值观、人生观没有稳定之前，给他一个安全欢乐的环境是更重要的。

那个学期，我尝试和老师沟通，和园长沟通。我希望他们对孩子放任一点，让孩子们自由一点，活泼一点。他们好像也试过，但始终是理念有差别吧！我没能改变什么，唯一能做的只有为孩子重新选择幼儿园。

这时，我回去找了小乔。因为我亲眼见过她们的用心，所以很希望她们做得更好。我说服小乔把早教做得更长，让孩子可以待到六岁，并且开设幼小衔接课程。所幸，她被我说动了，于是我又把孩子送回早教中心。

可惜的是，这个园区毕竟太小了，活动空间不足，缺乏运动的儿子在这里经常生病。

而且随着儿子越来越大，同班的很多孩子都转去了幼小衔接做得更好的幼儿园。这个园毕竟是由早教中心转型而成的，我对教学质量也有担忧；同时考虑同班孩子走了那么多，儿子缺少同伴。于是，我又动了转园的念头。

这一次，我选择了一个比较大的幼儿园。这个幼儿园的学生很多，老师也非常成熟有经验，管理也很成熟，活动区很大，并且体能活动量也适度。在这里，儿子的营养状态、体能状态、活泼程度都有了不同程度的提升。更重要的是，儿子很喜欢这里。

心细的读者肯定看出了，我之前教育的理念也是偏向爱、自由与接纳的，只是随着接待的问题家庭越来越多，看到各种各样的教训后，我也就开始清醒了。

经过几番折腾，我最终趋于理性：选择幼儿园，最重要的是园长理念客观中正，管理经验丰富；老师的流动率低；活动的地方宽敞，孩子户外活动时间充足——既普通又正规就可以了。

现在，我们家二宝、三宝都选这种幼儿园。

之前关注的什么爱与自由，什么先进理念，都是浮云。因为咱们的孩子就是普通人，普通适当的关爱就可以了。

我和先生做过多年的心理咨询，深深地明白过度自由、溺爱和过度压抑都对孩子有巨大的伤害。小时候如果被中正合适地对待，基本上就奠定了孩子稳定人格的基调，长大后孩子不会差到哪里去。

哭着闹着不去幼儿园，你的孩子是这样吗

> 对孩子的这种行为，淡淡地反应就好，不要激烈，不要训斥她，也不要同理太多，只需要淡淡地回应，第二天还是坚定地带她去幼儿园就好。

很多孩子在刚上幼儿园的时候，会感到不适应，于是每天早晨哭着闹着不肯去幼儿园。家长们往往对此束手无策。

那么，孩子为什么会对幼儿园如此排斥呢？家长应该怎么做，才能解决这一棘手问题？

我家有三个孩子。

大宝上的幼儿园是辗转了好几家才选定的，在其中一家幼儿园的时候，哭闹的时间格外长。因为那时我和我先生对那家幼儿园都不太满意，这种情绪传递给大宝，导致大宝对那家幼儿园也比较抵触。

所以，孩子对幼儿园的态度，一定与父母对幼儿园的态度密切相关。父母在为孩子选择幼儿园的时候，就应尽量选择自己比较满意的。父母对幼儿园的好感，会潜移默化地传递给孩子，让孩子也喜欢上幼儿园。

另外，在孩子上幼儿园之前，家长要帮孩子做好心理建设，让孩子

知道为什么要上幼儿园，幼儿园有哪些有趣的事物，等等。尤其要告诉孩子，到了放学的时间，爸爸妈妈会准时接他回家。前期做好铺垫，孩子就会比较不容易哭闹。

二宝从小就看着哥哥每天去幼儿园，所以她的内心是向往幼儿园的。在二宝刚上幼儿园的时候，仅在头一两个星期表现出不情愿，但是基本没有哭闹。并且二宝是那种讲道理的孩子，只要把道理跟她讲清楚，她就会听话。所以，二宝上幼儿园的过程是比较顺利的。

三宝目前还没有上幼儿园，但是我估计她会是那种哭闹型的孩子，至少头一两个星期会比较容易哭闹。一是因为我平时工作繁忙，没有时间帮孩子做太多上幼儿园的心理建设；二是因为三宝一直在家里被老人和阿姨过分宠溺，到了幼儿园享受不到这种娇宠的待遇，初期一定会不适应；三是因为三宝天生就比较爱哭。所以我估计，她上幼儿园后哭闹的概率是很大的。

但是我相信，三宝现在是"窝里横，外面熊"，只要离开了亲人，离开了她认为会宠溺她的人，她反而会比较乖。所以，只要我们很坚定地把她送去幼儿园，她头一两周会哭闹，后期经过与老师和小朋友的相处，会慢慢适应幼儿园的生活。

前段时间我接待过一位咨询者。那位妈妈跟我说，她的女儿刚上幼儿园，哭闹得很厉害。并且这个孩子非常有心思，会拿捏父母的软肋。因为这位妈妈没有意识到自己平日里对孩子的溺爱，所以孩子会下意识地用各种方式拿捏妈妈。比如，孩子会提前一个晚上或提前几个晚上就开始哭，而且非常坚定地哭很久，然后很坚定地告诉爸爸妈妈，她不想上幼儿园；并且还会用情感的小诡计，跟爸爸妈妈说："我都这么爱你们了，你们怎么还是不愿意听我的意见呢？"

刚开始，这位妈妈确实被扰得心烦，觉得孩子怎么哭闹得这么严重；但是很快她就会过度心疼孩子，想把孩子接回家。

她说，全班只有两个这样的孩子，其中一个就是她女儿。

我告诉她，对孩子的这种行为，淡淡地反应就好，不要激烈，不要训斥她，也不要同理太多，只需要淡淡地回应，第二天还是坚定地带她去幼儿园就好。

不出两天，这个孩子就接受了自己必须上幼儿园这件事，不再哭闹，也不再采用各种行为企图让爸爸妈妈心软。

而据说，班上另一个爱哭闹的孩子被妈妈接回家两周了，还是一上学就哭。

从我个人养育孩子和我接待的个案来看，孩子上幼儿园哭闹跟几个原因强相关。

第一，如果孩子性格比较倔强，他往往会哭闹得相对厉害一点，但并不会太严重。家长只要非常坚定地把孩子交给幼儿园的老师，他们很快就会适应。但对于那种能讲道理的孩子，家长就需要提前帮他做好心理铺垫，然后同样坚定地告诉他，这是每个小朋友都应该做的事情，那么孩子哭闹的概率就比较小。

第二，孩子上幼儿园是否哭闹，与父母的态度强相关。孩子会通过哭闹等行为试探父母的反应，如果父母觉得上幼儿园令孩子这么难受，心疼得要命，于是就允许孩子待在家里，那孩子的哭闹就会一次比一次厉害。因为他知道，哭闹是有效的，能够使父母心软，达到不上幼儿园的目的。所以，他会一次又一次地用越来越激烈的方式来表达自己的诉求。

第三，就是有幼儿园可能存在一些问题，比如老师流动性过大，给不到孩子应有的照顾和关爱，等等。这种情况并不常见，但是假如前面两个原因都排除了，孩子还是很抗拒上幼儿园，哭闹得厉害，而且时间非常长，比如超过一两个月，那么家长们就需要考虑一下幼儿园本身是否存在问题。

孩子与同伴发生矛盾，家长要怎样处理

孩子需要根据他自己的感觉来理解别人的感觉，这种直观的感受对他最有作用，这也是我们培养孩子同理别人、宽容别人最有效的方法。但还有一种情况，当别人三番五次地故意伤害我们的孩子时，我们要教会孩子保护自己，适当的时候还要反击。

在孩子成长的过程中，父母当然希望他所经历的都是美好与和谐的。但其实只要孩子与其他孩子互动，总避免不了磕磕碰碰。

儿子在两岁左右去外面玩时特别在意自己的东西，只要其他小朋友碰一下他的玩具，他不仅会立马过去把东西抢回来，还经常会打小朋友。我时常看见对方小朋友一脸无辜，于是我只好赶紧拉住儿子解释："小朋友只是看一下、摸一下你的玩具，并没有抢你的东西，你不可以打小朋友，这样以后就没有小朋友跟你玩了！你要去给小朋友道歉，不然妈妈会揍你。"

刚开始孩子不懂什么叫道歉，也不懂什么叫分享，他只是以为别人要抢他的东西，本能地维护他自己的权益。我理解孩子的想法，却不能纵容他这样的行为，就慢慢让他学习道歉，学会分享。这是为了培养孩子的是非观，让他懂得约束自己的行为，不要仅凭自己的本能和喜好来

对待周围的人。

让他学会道歉，不只是告诉他跟对方说对不起，还要让他明白自己的行为会让对方产生什么样的感受，只有这样他才能理解道歉的真正意义。

我以生活中的事情举例："妈妈早上不小心把你的脚丫踩了，你会觉得很疼，然后哭起来，妈妈就会跟你道歉。现在小朋友被你弄伤，他也会觉得很疼很难过，你是不是也应该为你的行为向他道歉？"

孩子需要根据他自己的感受来理解别人的感受，这种直观的感受对他最有作用，这也是我们培养孩子同理别人、宽容别人最有效的方法。如果只是说教，孩子是根本不会明白的。

但还有一种情况，当别人三番五次地故意伤害我们的孩子时，我们要教会孩子保护自己，适当的时候还要反击。

儿子读幼儿园时，班上来了一个比较大的孩子。那孩子戾气很重，我多次见过他攻击别人。当时我告诫儿子："如果这个小朋友故意打你，你一定要反击；如果你打不过他，要赶紧告诉老师，一定要保护好自己。"

那时儿子太小，还分不清别人是不是故意的，于是经常哭着反击。所以，我也会告诉他，有时候小朋友不是故意的，他不小心碰到你、伤到你时，你可以选择原谅他。男孩子要勇敢、宽容，才会让人更喜欢。

后来，儿子在处理冲突方面渐渐有经验了。有一次玩滑梯时，一个小男孩很调皮，把儿子和旁边的小女孩都打了。小女孩哇地哭起来，跑去找爸爸；但儿子好像没发生过这事一样，照样欢乐地玩耍。过了一会儿，我问他："刚才那小男孩是故意打你，你不知道吗？"他说："我知道啊，可是我又不觉得疼。"于是，他又去玩了。实际上，只要不是力量太悬殊的冲突，大人尽量不要介入，让孩子自己处理冲突会更好。

还有一次，儿子班上一个比他小的孩子带着一个小伙伴，三番五次挑衅儿子。儿子刚开始由着对方折腾，但那孩子一直不停下来。最后儿子生气了，一下子把对方推倒在地，那孩子立刻灰溜溜地走了。后来我问儿子时，儿子说："刚开始我不打他，是因为他比我小，但他没完没了，我就把他推倒了。"

只要父母多观察，就会知道孩子到底会不会处理冲突。父母需要教会孩子处理，但尽量不要介入，除非双方力量太悬殊，并且要坚决地告诉孩子，对于他处理不了的事情，一定要告诉老师和家长，让他们协助处理，不然如果真的遭遇霸凌，孩子可能会自信全毁，变得退缩、懦弱。

还有一些情况是需要大人干预的，比如，另一个大人要来打骂我们的孩子时，不能让孩子自己去面对力量这么悬殊的对抗，这样孩子会真的受到伤害。

儿子五六岁时，有一天傍晚我们出去散步，从一个小朋友身边经过。我们刚走过不久，那个小朋友突然"哇"的一声哭开了，我们转头愣了一下。

那个小朋友的祖母突然大骂起来，并冲过来想打我儿子，这时我立刻挡儿子面前，大声怒喝："你想干什么？"

我当时才不管我是不是泼妇，就跟那个大人厉声地理论起来。

后来搞清楚，那个孩子的祖母误会我儿子欺负她家孩子。但一个大人莫名其妙要打我儿子，我就应该保护我儿子。因为，第一，我儿子并没有对那个孩子做什么；第二，就算我儿子不小心碰了她的孩子，我也不能任由对方大人不问青红皂白就来打骂我家的孩子。面对这种情况，我会不留余力地保护孩子。

最后，这个大人觉得她不在理，灰溜溜地带着她的孩子跑了。

儿子一年级时，他们班有个小霸王，整天欺负别人。那个孩子的妈妈从来都只相信他儿子的一面之词，然后就在家长群里骂别人家的孩子，总是把错误归到别人身上。老师没办法，经常要开监控录像来证明是她儿子有错在先，这个妈妈才会消停。

有一次，我和先生去参加儿子学校的开笔礼，刚好有机会看见这个孩子的妈妈。那天儿子恰好和这个孩子坐在一起，不知为何与这个孩子发生了一点小矛盾，相互推搡了几下（具体我也没看见，因为人太多，我又长得矮，压根儿就看不见孩子们）。

等到开笔礼结束后，那个妈妈就像着了魔一样冲过来，冲着孩子和我们骂起来。我们都不知道发生了什么事，愣了一会儿，没反应过来。但听到她一直骂个没完，先生就喝止了一声："小孩子之间打打闹闹能有多大事？至于这样吗？"

后来我就反复和儿子说，以后不要和这个孩子玩。虽然这个孩子不一定是坏孩子，但这个妈妈是个有问题的妈妈，是个讲不了道理的人。小朋友之间打打闹闹没关系，但要避免同讲不了道理的人打交道。而且就算这个孩子现在不是坏孩子，很快就会被他妈妈同化。后来，儿子再没说过和这个孩子有过什么交集。

三年级时，我儿子有一次夸张地说："妈妈，你知道吗？一年级时我被××欺负到怕，但二年级时我把他打到不敢来欺负我了。"

其实是经过长年的练球，儿子的身体越来越强壮，慢慢地就能反击得了这个孩子。等他的身高体重都上来，也就自信了，别人也就不敢欺负他了。

所以孩子太瘦弱其实是不行的，让他好好练体育能有效降低孩子受到校园霸凌的概率。当然，前提是一定要把咱们的孩子教好，不然他欺凌别人更不可取。

孩子在幼儿园没朋友，家长如何破局

没有朋友的孩子，他父母的人际交往能力通常就是很弱的。正是因为父母本身就存在人际关系问题，所以他们往往不知道该如何协助孩子解决这个问题。

每个孩子成长的过程，都是一个社会化的过程。在这个过程中，伙伴起着非常重要的作用。首先，伙伴是孩子童年时期最重要的陪伴者，在群体中成长起来的孩子，往往比那些只生活在个人小圈子里的孩子更健康、更活泼，也更加开朗、自信；其次，孩子需要在与朋友的交往中成长、学习，在与朋友的交往中缓解压力，获得愉悦的心理感受；最后，孩子需要与伙伴一起合作与分享，竞争与分担。对于他们来说，伙伴是他们成长的重要元素。有了伙伴，他们的心情就有地方倾诉，他们的需求得到更多的认可与理解。

成长中的孩子正处在学习知识、了解社会、探索人生和事业的发展时期，与同龄伙伴交往并建立友谊是正常的心理需要。过于封闭自己、不爱与人交往、在同学中的人缘不好，都会影响孩子的交往能力，使孩子无法适应复杂多变的社会，更有甚者，会让孩子形成孤僻、抑郁、偏执等心理障碍。

孩子在幼儿园没朋友这个问题的发生率很高，但解决起来并不容易。因为没有朋友的孩子，他父母的人际交往能力往往就是很弱的。正是因为父母本身就存在人际关系问题，所以他们经常不知道该如何协助孩子解决这个问题。

我们家的孩子没有出现过这种情况，他们都能非常自然地跟一些小朋友成为朋友。但是我可以结合工作中接待过的一些个案来谈谈这个问题。

难以交到朋友的孩子，他们的父母一般有以下三种特征。

第一种，父母的人际关系非常弱，所以，他们的孩子也没有发展出与人打交道的能力。这种社交能力，其实要靠父母的言传身教才能培养出来。

我有一个亲戚，他们夫妻俩都不爱跟人打交道。先生的职业是网络游戏代练，每天只需要待在家里对着电脑；太太的工作也是较少与人接触的。夫妻俩平时在家都不太爱说话，与孩子交流得也非常少。所以他们的孩子在上幼儿园之前就已经有了自闭的倾向，一直到4岁还几乎不会说话，并且行为木讷呆板。但是孩子上幼儿园后，有机会接触到更多小朋友，在与人互动的过程中，语言能力和反应能力都得到了一定的提升。

这种类型的父母，由于本身就是不爱讲话、不爱社交的性格，所以在孩子小的时候通常意识不到孩子这样是有问题的，更加意识不到正是自己本身的原因导致了孩子不擅长社交，所以这种类型的父母通常不会来求助。

第二种，父母非常溺爱孩子，把孩子宠溺到极度以自我为中心。这种孩子通常感知不到别人的需求，所以和小朋友互动的时候，他很少会在意其他小朋友的感受，所以总是显得很霸道，容易与其他小朋友发生矛盾冲突。渐渐地，其他小朋友会不太愿意跟他一起玩，所以这样的孩子慢慢就会没有朋友了。

这种情况的父母来求助的可能性比较大，所以还有机会被调整。因为宠溺孩子的父母一定是非常爱孩子的，他们一旦意识到孩子出现这样的问题，往往会尽快来求助。而这种类型的父母也往往更容易接受我们的调整方法，改善自己和孩子的问题。

如果在孩子比较小的时候，家长就认识到问题的严重性，那么从家庭教育开始干预，解决过度宠爱孩子、过度以孩子为中心的问题，自然而然可以使孩子慢慢改变性格，重获友谊。

第三种，父母性格飞扬跋扈，孩子也会习得飞扬跋扈的性格特征，这也会导致孩子在人群中处于比较孤单的状态。

但这种父母通常识别不出孩子哪里有问题，因为他们本身也是这样的人。因为无法识别孩子的问题，所以通常也不会来求助。所以这种类型的父母，解决孩子的问题比较困难。

无论哪种类型，都需要有求助的意愿和行动。经过专业评估以后，父母才能针对性地调整，进而从根本上解决孩子的问题。

第五章

孩子入学后,这些问题家长必须搞清楚

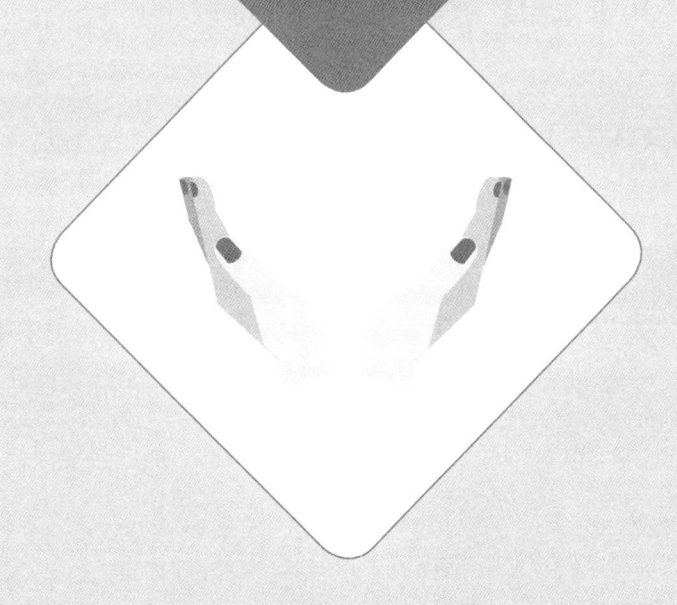

如何让孩子爱上学习

孩子在不同的阶段会遇到不同的问题，只要父母有意识地提前做好铺垫，孩子适应起来就会容易很多。

孩子上幼儿园大班后，很多妈妈对将来辅导孩子作业表示担忧。网上也报道了一些父母辅导孩子作业导致脑中风的新闻，虽然有点儿危言耸听，但对于父母来说，这确实是一个比较难的功课，所以我也不敢掉以轻心。

如今读书似乎不只是孩子的事情，那么，作为父母到底应该怎样对待呢？

记得我读小学的时候，父母才不管那么多，爱学不学，不学就放牛耕田去！但那时我觉得读书是一件多么幸福的事情，怎么可能不珍惜？

但是，现在时代不同了。

首先，孩子没有机会做比读书更辛苦的事情，所以想要他们珍惜读书的机会，确实不是一件容易的事。

其次，读书焦虑是父母们普遍存在的。试想，如果我们每天都在父母的监督下学习，不允许犯错，不允许放松，一直紧绷着神经，我们也会觉得学习是一件非常痛苦的事情。

第五章 孩子入学后，这些问题家长必须搞清楚

既然在孩子看来，学习比其他任何事情都辛苦，那我们能不能开发一条新路径，把学习变成快乐的事情？

明确了这些影响孩子学习态度的因素后，我和孩子爸爸就开始有意识地启发孩子的学习兴趣，毕竟千金难买自主学；同时有意识地引导孩子向往学校、尊重老师，这都为他小学生活的顺利开展奠定了基础。

在儿子上幼儿园期间，我就开始有意识地描绘小学生活的美好。我会告诉他，从幼儿园到小学是一个升级，意味着他长大了，从小宝宝变成小学生，将来还要上初中、高中和大学，让他在心里觉得成为小学生是一件十分荣耀的事情。我还会告诉他，读小学时，一个班会有50名同学成为他的好朋友，比幼儿园多得多；到时只需要一位班主任管理他们就够了，因为他们都长大了，自理能力变得更强，已经不需要三位老师管理了。这些正向的暗示会让孩子向往那个需要他独立的小学环境，也为孩子适应未来的小学生活做好铺垫。

在文化课方面，很多有经验的父母建议上幼小衔接班。可惜由于时间安排上出现差池，我儿子没有上成。

我先生非常注意培养孩子的学习主动性，在儿子上幼儿园大班时，就有意识地在我和他的手机上下载各个学科的学习游戏软件，包括识字、拼音、英语、数学思维以及各种棋类。这些游戏的设计非常人性化，孩子很喜欢玩。

我们平时是管控儿子玩手机时间的，所以儿子一有机会拿到手机，就马上去玩那些游戏。对于他来说，这根本不叫学习，而是叫玩。但是在玩的过程中，他已不知不觉地将各科知识内化于心。

在这个人人离不开手机的时代，父母想杜绝孩子玩手机是不可能的，但是，利用手机助力孩子学习，倒是一条有效途径。

只不过，刚上小学的时候，儿子有时搞不清楚要做哪些作业，或者看不懂作业的题目，需要我的指导。至于作业该怎么做，大部分是由他独立完成的。他如果不问，我就不主动教；偶尔他犯错，就让老师第二天给他反馈，我会协助他订正。

儿子觉得做作业是一件很好玩的事情，我们夫妻俩会戏称他为"作业狂魔"，正向回馈他做作业的动力。正所谓"兴趣是最好的老师"，只要孩子有了学习动力，父母就会非常省心。

儿子可能只是个普通的孩子，但我们会有意识地对他进行积极的暗示，例如："你爸爸是个语文高手，你这么像爸爸，肯定也是个语文高手！""你妈妈是个数学学霸，你当然会成为一个数学狂魔！"

因此，儿子自然会认为自己很有天赋，在潜意识里让自己朝这个目标靠近。

孩子在不同阶段会遇到不同的问题，只要父母有意识地提前做好铺垫，孩子适应起来就会容易很多。

但父母不要去干涉或监管孩子具体的生活和学习，而要引导孩子向往新生活，激发孩子的学习热情。做好这些，养育孩子将是一件轻松愉快的事情，反之则可能事倍功半。

父母怎样更好地借力于老师

借助老师的力量，前提是要教育孩子尊重老师，对老师怀有敬畏之心。如果孩子不尊重老师，老师的教育就会失效，家长也就失去了管教孩子最有力的战友。

我儿子有个毛病：经过一个比较长的假期后，他就会变得懒散、不积极。刷个牙像驴拉磨一样，去拿个东西像是到乡里逛了一圈。总之，坚定地执行慢吞吞、懒洋洋的方针。

骂他一句，他就一副委屈、凄凉、生无可恋的样子，急得我有时只能在房间里对着墙碎碎念："不行不行，你等着，我一定有办法！"

开学一周后终于恢复了乒乓球训练。儿子对老师和教练都是极其尊重和敬畏的，正因如此，我才得以借助老师的力量来教育孩子。

有一次去上乒乓球课，儿子出门前依旧磨磨蹭蹭，我再三催促无果，只好在他爸送他上学的路上，给教练发了一条信息："教练好，长假之后孩子懒散成性，每天都拖拖拉拉。如果他迟到，希望您可以狠狠罚他，让他引以为戒。"

果然，第二天他就紧张起来，甚至催他爸快点儿。我半开玩笑地说："今天你怎么这么着急呀？昨天迟到被罚啦？"他不好意思地点点头。

我说:"被罚什么啦?"

他支吾着说:"30个壁卧撑和跑步。"

我假装同情地"哦"了一声:"那赶紧走吧,今天可别被罚了。"

经过这一次教训,终于变成了他急我不急。

此外,儿子还经常丢三落四,时常忘记做作业。于是,我和各科老师都提前打了招呼,只要儿子没有完成作业就好好罚。

于是,儿子被各科老师罚了个遍,后来就非常认真及时地完成作业,甚至争分夺秒地做作业,令我头疼的"长假综合征"终于告一段落。

这些方法看似简单,但其实有两个难点。

一是在孩子磨蹭的时候,父母能否忍住不说他,等待他自己犯错。如果每天催他、管他、训他,不是不行,就是孩子会越来越对抗,并且越来越不听话。在这个对抗的过程中,父母的权威越来越弱,同时孩子也会觉得父母根本不爱他,因而逐渐远离父母,甚至恨父母。如果这样,教育也就无从谈起了。

二是让孩子尊重并敬畏老师。敬畏老师是每个学生的本分,其实在幼儿园时,父母就要有意识地培养孩子的这些品格。但是现在的孩子往往被父母养得太娇气,略受惩罚,就寻死觅活,导致老师也不敢严厉惩罚孩子。于是,有些孩子也不再敬畏老师了。

我曾经接待过一位前来咨询的妈妈,从她的孩子上小学开始,她就很不满意学校给孩子布置那么多作业,总觉得学校这种"填鸭式"的教育实在是太残害孩子了。所以,从孩子一年级开始,写不完的作业都是由她代写的。后来她直接对老师说,只要她的孩子考试能考好,就不要管孩子的作业了。当然，她家孩子当时也聪明，不做作业也总能考高分，但是后来孩子对学校的不满和怨言越来越多，甚至闹到了要退学的地步。

我们从客观来看，这位妈妈的做法就是有问题的。

问题并不在于孩子写不写作业，而是她给孩子做了一种错误示范，那就是学校的方式是不对的，我们的才是对的；老师的行为是不对的，是不够高明的，我们的才是对的。这是很多自作聪明的家长经常会犯的错误。

因为家长这么做，其实就是在告诉孩子，我们不需要去适应学校教育，不需要去尊重老师，因为学校是有问题的，老师是有问题的，而我们是没有错的。

孩子不尊重老师，老师的教育就会失效，家长也就失去了管教孩子最有力的战友。如果老师管教孩子时是战战兢兢的，父母真应该反思一下，到底是什么让老师变成这样。家长授权给老师，让老师管教孩子，这是一件非常重要的事情。

因为父母不能时刻严厉地管教孩子，以免孩子感到压抑，产生对抗情绪；而是要给他们足够的温暖和依靠，要成为孩子的避风港，在孩子委屈难受时给予理解，在孩子失败受挫时给予鼓励。

真正自律的孩子极少，因为父母不能时刻严厉管教，所以才更需要借助老师的力量，来帮助孩子改正不良的学习与生活习惯，如懒惰、任性、拖拉等。这些习性才是孩子漫长人生中真正痛苦的根源。

珍惜孩子遇到的每一位老师吧，只有父母发自内心地尊重他们，他们才会成为孩子成长路上的基石，托起孩子的明天。

心理咨询师的育儿经

当孩子已经不如别人时，怎么办

虽然我们提倡让孩子独立面对一些事情，但也要让孩子觉得他是被支持的，父母是他的坚实后盾，这种感觉对孩子来说是非常重要的。

儿子重病休假近一个月，返校后面临巨大的学习压力。

马上就要期中考试了，儿子亟须补上这四个星期落下的功课，因此每天都面临如山般的作业，但是，因为要起早贪黑地参加校队的乒乓球训练，他每天都比别的孩子少三小时的学习时间。但此时他的大脑损伤还没完全恢复，反应力和智力都不如以前，做作业的效率明显低了很多。而在他休假期间，又刚好错过了一年级最重要、最难的拼音学习。所以，他每次打开作业本都一脸茫然，因为几乎都不认识。

每天看着他疲惫地揉着眼睛，却依然坚持做作业的样子，我都很心疼。一场大病，把儿子原本良好的学习状态完全摧毁。

看着儿子非常努力却依然跟不上功课，表现出从未有过的茫然和挫败，我虽然内心难过，但作为父母必须给孩子一些鼓励。

我很客观地告诉他："妈妈知道你已经尽了最大的努力。你现在做不到太正常了，换作妈妈也做不到，因为你生病了一个多月，功课落下那么多，现在怎么可能做得又好又快呢？"

我思前想后：儿子正值恢复期，医生建议出院后继续休息一个月，但目前学习与训练的负荷已经完全超出他的可承受范围。我想，就算儿子不需要完全在家休息，也不能剥夺他的睡眠时间。于是，我和乒乓球教练说明了儿子的特殊情况，希望这两三周能让他降低训练强度，暂停早上的训练，只参加下午的训练；并且和他的各科老师都沟通了一遍，让孩子尽量先完成当天的作业，落下的功课在周末慢慢补，老师们也表示理解同意。

在这两三周的过渡期间，我每天陪着儿子一起面对作业的困难，以便让他慢慢调整状态。对于落下的拼音学习，很快我发现，让儿子默写韵母、声母的这些方法效果不佳，于是我叫先生下载了比较有趣的拼音学习软件，让儿子在玩耍中学拼音，并且我也有意识地把拼音融入生活，引导儿子将日常生活中的见闻都用拼音拼出来。儿子乐在其中，最后甚至变成"拼音狂魔"，到了无拼音不说话的程度。

此外，我还允许儿子以自己的方式来学习。比如，他非常喜欢制作手绘卡片，我就让他给我送拼音卡片。没几天，通过制作拼音卡片，他就把所有的声母和韵母都记住了。允许孩子以他自己的方式学习，也是父母要调整变通的方面，因为父母很容易认为自己的方法才是最好的，却忽视了孩子真正喜欢与适合的。

我每天一边陪伴儿子，一边写文章或看书，让他感受到妈妈也时刻在学习，这样孩子自然会认为学习是一件很平常的事情，大家都要做，这样对待学习就不会有抵触心理，在任何时候都会积极地完成作业。同时我也有意识地告诉他，等他上三年级就要独立完成作业了。

经过近两个月的努力，儿子的学习状态基本恢复如前，每天先把会的作业做完，不会的做好标记留到最后问我，并且他会尽量在课间休息时写完作业，放学回来就让我协助他订正作业。

儿子从刚出院时面对作业茫然无措，到现在自信、独立地完成作业，我心里真的很替他开心。

面对这种难关，如果父母袖手旁观，孩子就会感到很绝望。虽然我们提倡让孩子独立面对一些事情，但也要视孩子的具体年龄和具体情况来决定，让孩子觉得他是被支持的，父母是他的坚实后盾，这种感觉对孩子是非常重要的。更重要的是，在不知不觉中，他又积累了一次将负面事情变成正面事情的体验。多积累几次这种正向体验，他以后面对困难时就不会感觉绝望无助。

对于乒乓球的训练，儿子也比同学落下很多。因为他刚被选入训练队就生病住院了，待他出院后，和他一起入选的孩子已经能和教练打很多个回合了，但他连球都发不过台面。

教练每天都让儿子跟一个高年级的孩子一起训练，也不怎么管他。我当然理解教练为什么这样做，但看着儿子孤独地训练，我还是好一阵难过。

但我很快意识到，儿子与我的想法并不一样。

因为发不过去球，儿子大部分时间在捡球，对面的小哥哥一脸无奈。但儿子的心情似乎丝毫不受影响，快乐地蹦跶在球案附近，或者欢腾地趴在地板上捡球。看着他的状态，我内心又是欣慰的。

可能是我和他爸爸的内心一向充满希望，所以，儿子从小的心理状态一直积极阳光，从不会因为自己不好而自卑难过。

更重要的是，通过一次次协助他改变，他面对自己的不足时，已经慢慢形成一种信念：虽然我现在不好，但我总有办法变好的。

如果他这辈子树立了这种信念，我想他不会太差。

孩子太早优秀，到底是不是好事

我的教育观念是，希望孩子不要过早优秀；即使优秀，对待比他更优秀的人，心态也要保持平和。

儿子从上幼儿园起，一直是默默无闻的孩子——成绩中等，没有任何特长，不算很活泼，也不算太调皮捣蛋，反正是老师想不起来的孩子。这种不突出是我们一直想要的，所以我们也很喜欢他的"普通"。

但是，自从小学的某次考试儿子考了满分后，就经常考满分，偶尔还会成为班里的第一名。看着他经常考满分，我反而有点儿担忧，因为我知道孩子太早优秀不是好事。太早优秀容易导致孩子只想追求好成绩，人生越往后，越容易怕犯错，怕自己不优秀，而不敢试错的人生才真正可怕。

前段时间他又考了满分，兴奋地把卷子递给我签名，和我说："妈妈，我想考第一名。"

"为什么？"

"因为考第一名我很高兴啊！"

"哦，这样啊，好吧！"

又过了一段时间，他又跟我说："妈妈，期末我想考高一点的分数。"

我疑惑地问："为什么总想考高分呢？"

他居然说："因为去年我们班的总成绩考了年级倒数第一。老师说是因为我们班有几个同学考试分数太低了。今年我想考高一点，可以有更多分数用来给他们拉分，我不想我们班总是倒数第一。"

"哦，这个想法不错，我支持你考高分。"

发现孩子慢慢把焦点从自己的成绩上转移开，我由衷地为他高兴。虽然他目前的想法还是很幼稚的，但他努力的方向是对的。

我知道他之所以努力，依然是因为想赢，但毕竟他开始有一些与过去不同的认知。

就在去年，他还比较自大。有一次他和同伴聊起数学，他觉得自己很厉害，说对方很差，一副自鸣得意的样子。但今年有一次我故意问他："为什么这些题你会做，他却不会做呢？"他竟然说："我觉得他前几天没有好好复习，而我复习了，所以会做。"我当时就意识到，儿子开始不一样了，有了一些客观的理性思维。

另外，从他和他爸下棋也可以看出他的思维变得更缜密，思维线也开始变长。以前为了不打击他，他爸爸偶尔要假装输给他，现在爸爸赢他也开始变得艰难。

我觉得每个孩子正常的思维发展，都应该呈现这样的过程。

我在小学五年级以前成绩都是中等偏下的，五年级时，我由五年制小学转回老家的六年制小学，新课程的一部分知识我在原来的学校已经学过，所以在转学后的第一次考试中，我居然考了前三名。突如其来的好成绩让我信心倍增，但因从小就没有被要求努力学习，喜欢玩的我自然不可能立刻变得刻苦。后来，我的成绩就慢慢下滑，直到初三。

有一天，妈妈对我说："考不上，咱就去放牛吧！反正你太小，还不能去打工！"当时妈妈完全没有吓我的成分，她是真这么想的，但我却被吓得赶紧开始学习。我之所以选择读书这条路，是因为自己曾经考过好成绩，觉得自己能做到，想要努力拼一把。初三拼了一年，我的成绩突飞猛进，于是我基本确认了努力才能进步，后来的很多人生体验让我更加坚信勤恳努力才是硬道理。

儿子现在考高分确实给他带来很多正向的回馈，想赢、想变好，这是没有问题的。但这种心理是不是健康，就要看他如何看待比他优秀的人。

对于他们班级学习成绩很优秀的孩子，他会在我面前说："现在我们班×××可厉害了，每次考试都得满分，而且他各方面都好优秀哦！"他说这话时表情是向往的。

在乒乓球队，他一直是第三名，很得意。可是后来我问："一共几个人，你排第三？"他说四个人。好吧，他高兴就好。对于第一名和第二名的同学，他并无嫉妒之心。有一次他兴奋地问我："妈妈，我今天和×××打比赛，你猜谁赢了？"

"难道是你赢了吗？"

"错，她肯定比我厉害呀！不过我今天是10:11输的，以前都是2:11输的。"儿子一脸得意的样子。

哦，原来这样也是明显的进步啊！

知道他对待输赢的心态是这样的，于是我就不再担心他了。

我的教育观念是，希望孩子不要过早优秀；即使优秀，对待比他更优秀的人，心态也要保持平和。

因为在帮很多休学、厌学的孩子做心理干预的时候，我们发现，其中很大一部分孩子小学很优秀，原因就是从小父母给他"开外挂"。从小让孩子提前学，等到学校正式上课时，孩子就不愿意好好听，慢慢养成不认真听讲的习惯。孩子不认真听讲，老师就容易盯着他，批评他。但因为知识他都提前学过，所以考试成绩通常还不错。长此以往，孩子不但会养成不认真听讲的习惯，还容易形成对老师抵触对抗的傲慢心理，同时，更可能变成一个自以为是的人，对自己失去正确的定位，所以等到更高年级时，小聪明不起效了，心态就容易崩，以致产生后续的各种问题。

所以，孩子太早优秀，不见得是好事，但也未必是坏事，一切看家长如何引导，让孩子保持平和心态，胜不骄，败不馁，才是最重要的。

如何激发孩子的内动力

他不开口，我绝不主动给。让他自己要，这才是核心。

来咨询的家庭中，很多孩子在休学前成绩很好，才艺很高，但大多是被家长逼着学的。这很容易导致孩子缺乏内动力，对文化课和各种才艺没有发自内心的热爱，所以，到青春期后开始厌学，最后发展为休学、厌世，实属必然。

很多家长向我咨询，怎样才能激发孩子的内动力。我总结了几点，结合自己育儿的经验，分享给大家。

孩子学习内动力的消失，主要由于父母过早地把孩子对事物的兴趣消耗得干干净净。

且不说北上广等"鸡娃圣地"，连我周围的邻居、朋友、同事都从幼儿园起就给孩子报各种兴趣班，少则两三个，多则七八个。英语、数学、语文、乐高、围棋、画画、奥尔夫体系音乐课程，甚至跳绳、跆拳道……多到我数不清。

现在的孩子，不是在上课外班，就是在上课外班的路上。想想孩子们的这种生活，我就觉得很压抑。因为这些孩子都不能自己做选择，只能听从父母的安排。

父母以为孩子会因此多才多艺，但实际上最后孩子对什么都提不起兴趣。

孩子的成绩好不好、有没有才艺，和生活的幸福度相关性并不大，但热情、好奇、兴趣没了，人就如同一具行尸走肉。

接触了那么多休学家庭，我和先生一直在研究到底怎样教育孩子才能避免这些"天坑"。

我儿子读幼儿园时业余时间比较多，他非常喜欢绘画和下棋，所以在他的要求下，我给他报了绘画和围棋的兴趣班。

根据以往的经验，我知道他过一段时间就会兴趣下降，不想继续学。为了满足他想学的愿望，又不至于浪费太多钱，我给他报的都是短期班，10节课左右，可以自由选择学习时间。

其实孩子都一样，心血来潮时想学，但没过多久就会兴味索然，呈阵发性的特点。

这和吃饭一样，饿的时候以为自己能吃一头牛，最后发现连只鸡都吃不完，但下一餐又感觉自己好饿。其实孩子确实能吃一头牛，但要分很多次来吃。如果真的逼他一次吃下一头牛，他就会吃到吐，以后再也不想吃。

兴趣爱好和这个道理很像。孩子喜欢时是真喜欢，但一段时间后兴趣消退也是必然的，再过一段时间他又会激情澎湃。这本来就是孩子探索各个领域的自然过程。

父母总是一厢情愿地认为，孩子的兴趣应该保持一生，这是天大的错觉。

我对儿子的兴趣爱好并没有十分积极地响应，儿子反而对画画和棋类一直保持着阵发性的强烈兴趣。

他这几年来，一有空余时间就会如饥似渴地画画和下棋，那种热爱完全到了废寝忘食的地步。

我想要的就是他这种如饥似渴的状态，等他以后长大了，发现自己怎么画都不如别人时，自然会去找这方面的高手学习。只有到了那个时候，我才会助他一臂之力。

他不开口，我绝不主动给。让他自己要，这才是核心。

近些年，国家对体育的重视程度提高，我在小区散步时，常看到很多家长在楼下逼着孩子跳绳和拍球。我经常带着二宝去看他们练习，二宝看得两眼放光。

我其实是故意的，悄悄地让她先升起迫切想要的心，让她产生"缺"的感觉，让她羡慕别人。

这是我从小的经验。就是因为我觉得自己缺、不够好，才会羡慕别人，希望自己也能像别人一样，所以我才会如饥似渴地学习。

我读大学时看到那些多才多艺的同学，会情不自禁地羡慕。所以，我参加工作，手上有钱后，就开始到处学这学那。

因为感觉自己"缺"，我也特别爱尝试和折腾。我刚工作那几年，只要手上一有钱，就想去折腾，做过安利、开过药店、开过车行……虽然都以失败而告终，但始终不变的是我强大的内动力。

以前我想不明白为什么那么多中产家庭的孩子会休学在家，对我来说，每天待在家里不是和坐牢一样吗？

随着接待的家庭越来越多，我才明白，原来中产家里的父母会不断塞给孩子各种各样的兴趣班，最终让孩子失去对任何东西的好奇和向往。

要想激发孩子的内动力，让孩子感觉"缺"才是最重要的。父母不要反对，也不要打鸡血，等它自然发生。

但是，我却花了大量心思培养儿子对学习和乒乓球的兴趣。因为学习和体育训练，孩子通常不会自然产生兴趣，需要父母花心思引导，诱发出兴趣，并协助他找到合适的学习方法。

当然，学习上我从未给他报任何课外辅导班，我只要求他认真完成老师布置的作业，反正不认真的话会有老师罚他。练球也一样，我可以激发他的兴趣，但练不好还需要有严师来罚他，这样他才能坚持下来。

但这些方法只能在前期起作用。要让孩子享受训练或学习，更重要的是在后期让他有正向体验。

我儿子对学习是有明显的正向体验的，他认真完成作业的时候，成绩就会明显提高；他一旦马虎，成绩就会往下掉。多几次这样的体验后，好强如他，自然会自觉、认真地学习。而练球也一样，当他发现自己可以练好并打出很多花式手法，甚至经常能够打赢别人时，他自然会有成就感，也就自然能坚持训练。

达成更高目标的体验对孩子来说很重要。他是不是一直很努力其实无关紧要，但他必须有过"努力就会有回报"的体验，因为这样的体验会让他敢要和想要。未来他想拼搏的时候，自然动力十足。

所以，随着儿子渐渐长大，我越来越省心，因为他需要我帮助的地方越来越少。

总结一下：要让孩子保持旺盛的内动力，最重要的就是少给，让他保持"缺"的感觉。但仅有"缺"的感觉并不够，还要协助他通过努力得到正向体验。这种正向体验，会成为他将来追求自己所热爱的事物的内动力。否则，只有"缺"的感觉，却不知道怎样靠自己满足自己，最终就会变成内心匮乏又自卑的人，而不会拥有逢山开路、遇水架桥的动力。

提高孩子成绩，需要用好"相对论"

父母想让孩子真正爱上学习，就要有意识地塑造出对比，也就是说，相对于学习，让孩子有更苦的事情干，这样他就比较容易爱上学习。但如果相对于学习，他有更轻松、有趣的事情做，那他就容易厌恶学习，这就是我们在教育中的"相对论"。

不谈学习，母慈子孝；一谈学习，鸡飞狗跳——这是大部分家庭的常态。

几乎每一位父母都希望孩子学习好，考试取得优异的成绩，于是往往用力过猛，每天盯着孩子学习，好像自己抓得越紧，孩子的成绩就会越好。

但往往事与愿违，家长越是这样，孩子对学习的抵触心理就越强。

那么，家长究竟怎么做，孩子才能喜欢上学习呢？

我的建议是，不要把注意力放在孩子的学习上，而是要想尽办法找到一个比学习更苦的事情来磨炼孩子。两相对比，孩子自然会趋向于选择学习这件"相对不那么苦"的事情。

而如果孩子每天被父母盯着学习，学习无疑就会成为孩子所有事情当中最苦的一件，因而这种方式导致孩子休学和厌学的概率极大。

我儿子曾经进行过三年的乒乓球训练，但他并没有真正爱上打乒乓球，这是为什么呢？

第一，我和先生都不是运动爱好者，也不热衷于打乒乓球，所以没有给他营造一个打球的氛围。

第二，儿子刚入球队的时候得了一场重病，导致他有很长一段时间没有训练，而与他同期的孩子又训练得特别好，所以他在球技上一直被队友碾压，这导致他对练球没有太多的正向体验。

第三，与儿子同一球队的另一个孩子，从小被家人带着训练，每周都参加街头比赛，也总是代表学校参加比赛，在乒乓球上获得过巨大的成就感，所以他对乒乓球的热爱就深入骨髓。

基于以上种种原因，我儿子无论怎么努力，都打不过他的队友，也就一直无法获得正向回馈，所以即便坚持练球，也只是因为习惯了，而非"热爱"。

由于他在练球上花费了太多时间和精力，所以学习的时间就变少，但是恰恰他的学习成绩又很好，在班级的排名总是靠前的，所以获得了很多正向回馈，因此他就认为"我是擅长学习的"。在乒乓球上付出了那么多时间和精力，成绩依然不理想；而在学习上只要稍微努力一下，成绩就会很好。对比之下，他自然更热爱学习。

很多父母总是特别关注孩子的学习情况，但是由于父母太关注、太焦虑，反而导致孩子厌学，对学习的抵触情绪非常大，这也为孩子将来可能发生的休学埋下了隐患。

父母想通过唠叨、看管来让孩子爱上学习，这是不可能的。孩子对待学习的态度，一定是由他在学习中的体验和感受来决定的。

所以，父母想让孩子真正爱上学习，就要有意识地塑造出对比，也就是说，相对于学习，让孩子有更苦的事情干，这样他就比较容易爱上学习。但如果相对于学习，他有更轻松、有趣的事情做，那他就容易厌恶学习，这就是我们在教育中的"相对论"。

或者，父母也可以想办法把学习变成一件相对快乐的事情。

总之，在孩子的成长体验中，学习不应该成为最苦的一件事。在这个基础上，我们才有可能让孩子爱上学习，提高成绩。

孩子爱犯错，不应只责骂

我们在帮助孩子改成错误、纠正问题的时候，如果只是责骂他，他是改不了的。因为他有时并不是主观上不想改，而是以他的年龄和思维发展程度，很难思考总结自己究竟在哪些细节上出现了差错。

儿子从小就有点儿大大咧咧、马虎粗心。在很长一段时间里，我都觉得孩子年龄还小，又是男孩子，有这个问题很正常。所以，虽然孩子丢三落四、马虎大意的时候我会提醒他，偶尔训斥他，甚至体罚他，但因为我内心觉得男孩子不应该细细碎碎、斤斤计较、太谨小慎微，所以对孩子的这些问题都比较宽容，虽然嘴巴上会管教他，但内心却有一丝暗暗的喜欢，没有真正想要帮助孩子改变。

但是后来发生的一件事情彻底改变了我的想法。

因为疫情，孩子停了几天课，老师布置了很多作业。早上我让他把作业抄在登记本上，并且和他说大概什么时间完成。我从早上到晚上有五六次问他："你的作业做完了没有啊？"儿子每次都说已经做完了。

刚开始我也没在意，只是例行公事地问问而已。到了晚上9点多，我发现他上传的作业东漏一点点，西漏一点点。我非常生气，于是就要冲他发火。

刚开始我以为他故意说谎、糊弄，但是后面了解到他只是忘记去看作业登记，忘记去核对作业。这实际上就是一种马虎、敷衍的态度。这时我才认识到问题的严重性。

同时，我想起前段时间公司的一名员工正是由于这个原因被我解雇的。小姑娘人很暖，嘴巴很甜，人际交往能力很强。但是每次把事情交给她，她嘴上说做完了、做好了，但是等到我真正要的时候，才发现她整理好的资料要么不完整，明显是临时应付的，要么就是根本没有。我给过她一年多的时间去改正这个坏习惯，但是结果并不理想。

当我想到这件事情后，突然觉得我儿子以后不也是这样吗？我对儿子的这个问题开始变得忍无可忍。

我和爱人商量这件事情，然后反思我们作为父母存在的问题。过去我们不觉得这是个缺点，甚至觉得是优点，自然不会去纠正这个问题，但是如今我们认识到了问题的严重性，就不能再坐视不理。

于是，我下定决心纠正孩子的这个问题：他可以大气，可以大条，可以心大；但他不可以马虎，不可以不用心，更不可以在犯错后抱着侥幸心理企图糊弄过去。

其实，孩子每一个马虎、粗心的行为后面都隐藏着一个做事的习惯。

儿子之所以反复漏写作业，确实有粗心的原因，但更重要的是我没有帮他养成做完事情核对一遍的习惯。

从那天起，我对他说，粗心、易忘事是他的缺点，但是缺点不是不能克服的，他要养成写完作业核对一遍的小习惯，就可以克服粗心、易忘事的缺点。

一个星期后，又发生了一件事：儿子的作业本忘记拿回家，他回学校拿的时候，出于防疫考虑，保安不让他再进学校，所以他这科的作业没办法做。

我很生气，又训了他几句。但是过后我想，儿子一定有一个习惯性动作，导致他经常忘记把作业拿回家。就是上一节课下课后，他准备下一节课的书本时，应该是有把东西随手塞进书桌抽屉的习惯，而不是把东西第一时间放进书包。

想到这里，我赶紧去和儿子核实情况。结果正如我所料，儿子承认他上完一节课后，来不及仔细收拾东西，就把书本随手塞进书桌抽屉里。放学后他要去训练，急急忙忙的，就容易忘记查看书桌抽屉里是否有遗忘的东西。

了解清楚事情经过，我就有办法了。我和儿子说，这么一个小小的坏习惯，就导致这么多年来他一直被我批评，被老师批评。他如果想改掉这个习惯，就必须在上完一节课后，把这节课的东西迅速收到书包里面，特别是语文、数学、英语这三科每天必带的课本。他必须养成上完课就把东西收到书包里面的习惯。

我们在帮助孩子改正错误、纠正问题的时候，如果只是责骂他，他是改不了的。因为他有时并不是主观上不想改，而是以他的年龄和思维发展程度，很难思考总结自己究竟在哪些细节上出现了差错。

很多父母就是在这里没有协助到孩子，于是孩子就会一直感到挫败，时间久了，就会认为自己是一个有问题、很差的人。

家长只有把这些细节上的问题调查清楚，孩子才不会一直犯错，不会陷入受挫的情绪里出不来。

还有一个问题需要注意，就是孩子一旦犯下错误，他应该怎样面对和处理。

我儿子犯错后，总是害怕面对、害怕被批评，所以他一定会等着别人去发现他的错误，而这样一来，事情的性质就变了，因为等别人发现错误并且追究责任的时候，别人就会产生很大的不满情绪，甚至会非常愤怒。所以家长要教育孩子，犯错后，要主动向别人承认错误，然后想办法补救；要养成犯错后主动自己处理和主动负责的习惯。

总之，孩子反复多次犯同一个错误后，除了批评和责罚，还是要把重点放在协助孩子彻底解决这个问题上，那就需要帮孩子找出犯错的根源，看看是哪些行为习惯导致了孩子一再犯错，然后想办法修正这些不良的行为习惯，由此才能纠正孩子的错误。

孩子的成长，需要父母来带动

孩子并不会生来就很优秀。懂教育的父母，要有意识地训练孩子，带动孩子一起养成各方面的良好习惯。不知不觉中，孩子就会将这些习惯内化于心，外化于行，逐渐成为一个真正优秀的人。

有一天，孩子舅舅说我儿子好像缺少与同龄人交往的体验，这也是我心里的隐忧。于是，我和先生商量了几天，我们就决定立刻搬到孩子学校附近的小区居住。自从我们把家搬到儿子学校附近以后，周边就有很多他熟悉的同学，儿子在各方面进步很大，尤其是在自主性方面。

第一，他现在可以自己定闹钟起床，自己上下学，并且懂得自己管控时间了。这在以前是很难的，因为我们之前住的那个小区离学校太远，儿子每天都由我们接送上下学。因为要接送儿子上下学，所以他上下学的事情就变成了我们父母的事情。儿子虽然没有过于被动，但与完全自主还是有距离的。

主动性是最不能被要求出来的，父母一定要创造条件，至少要让孩子觉得，由于客观条件的限制，他必须自己来做这件事情，而不是父母故意刁难他。

一个不到十岁的孩子，家离学校很远，父母又有条件接送他，却非要逼他自己坐车上下学，虽然不是不可以，但孩子就很容易认为父母故意刁难他。而住在学校附近，父母让他自己上下学，孩子就会觉得父母这样的要求很合理。

第二，孩子有了自己的伙伴，并且周末会积极地去周边的社区活动。我们家以前住的那个小区离他的学校太远，所以在小区里面没有他的同学，没有熟悉的伙伴，他回家后就不太愿意出门活动。现在，一到周末，他就与小伙伴们出去活动。这对于一个孩子来说是非常重要的，如果孩子没有自己的伙伴，一直待在父母身边，没有培养出独自社交的能力，没有自主探索的经历，未来在学习和生活的道路上都会遭遇很多阻碍。

第三，由于孩子经常跟周围的伙伴交往，也让我们近距离观察到一些优秀的孩子，了解了哪些孩子为何如此优秀——这也是最让我们感到高兴的一点。

这个小区附近有很多书店。搬家以前，我们也想带孩子去这些书店，但因为住得太远，交通极其不方便，也就不容易养成习惯。但搬家以后，我发现儿子有一个小伙伴，他的妈妈每个周末都会带他一起去书店，有时甚至周六、周日两天都会去，所以这个孩子养成了非常好的阅读习惯。

另外，这个孩子的运动习惯特别好，经常在小区里打羽毛球、乒乓球或者踢毽子，每一个项目都做得非常好，并且完全没有被家长逼迫的痕迹，而是发自内心地喜欢。

此外，我们还观察到，这个孩子的学习习惯特别好。我们搬过去以后，在一次期中考试前夕，我儿子约这个孩子一起出去玩，但是他很客气地回绝了。他说马上要期中考试了，他要好好复习。而我儿子显然没有这种复习备考的概念。

我明显感受到了儿子与真正优秀的孩子之间的差距。

我儿子虽然学习习惯也还可以，运动习惯和阅读习惯也都过得去，但是一对比真正优秀的孩子，就会看到明显的差距。而这个差距也是来自我们作为父母的局限，因为我们夫妻二人几乎都是被放养长大的，所以我们追求、探索的动力会很强烈，但我们身上并没有被训练过的痕迹，当然弯路就会走很多。

我们的父母都来自农村，他们对于如何培养孩子以使其更优秀是没有太多概念的，所以我和先生也不知道应该如何训练孩子来使他更优秀。

比如，在阅读方面，我和丈夫只看我们自己爱看的书，而没有有意识地带着孩子一起看。所以孩子虽然不排斥阅读，但因为没有在参与中体会过快乐，所以他不容易对阅读产生真正的兴趣。

我们为了保持良好的精力应对工作，也会坚持运动，但是我们并没有有意识地带着孩子一起运动。我和丈夫平时做的运动，主要是在健身房跑步或者练器械等，完全是为了锻炼身体，没有任何竞技性。而事实上，具有竞技性的运动才更容易带动孩子参与。我们缺少的，正是对孩子运动习惯的有意识训练。

我们知道学习很重要，所以我们夫妻自己从来没有停止过学习，但我们并没有有意识地带着孩子一起学习。我们学习的时候，孩子只是在旁边看着而已。但是,我们作为父母,如果没有有意识地选择一些低难度的、孩子能懂的知识带他一起学,他就真的只是看看而已,父母学习这件事跟他没有太大关系,他也不会因为看到父母学习就自发地爱上学习。

正是我们作为父母的这些欠缺,导致儿子与真正优秀的孩子之间产生了差距。

孩子并不会生来就很优秀。懂教育的父母,要有意识地训练孩子,带动孩子一起养成各方面的良好习惯。不知不觉中,孩子就会将这些习惯内化于心,外化于行,逐渐成为一个真正优秀的人。

第六章

正确对待青春期的困惑与迷惘

为什么乖孩子突然不听话了

如果父母发现孩子突然不听话了,那往往说明孩子已经对父母忍无可忍,他要跟父母开始抗争了。对于这种现象,我们往往解释为"孩子到了青春期"。

不少孩子到了青春期,父母会突然发现,原本很乖的孩子,突然不听话了。这是怎么回事呢?

事实上,孩子并不是突然不听话的。

在孩子长大的过程中,很多问题就已经在逐渐积累。只是因为当时孩子还小,对父母比较依赖,所以他会在很长一段时间处于妥协状态。也就是说,他会隐藏内心的真实想法,而选择听从父母的指挥。在妥协过程中,孩子的真实想法被按捺下来,只是父母比较大意,会忽略。

其实孩子从八九岁开始,就会产生一些独立意识,知道自己想要什么。

这时候,如果父母的教导跟他内心的意志相违背,而父母又采取简单粗暴的教育方式,没有尊重孩子的内心,也没有做通孩子的思想工作,直接要求孩子按照父母的想法去做,孩子内心会隐隐感到不舒服。

第六章 正确对待青春期的困惑与迷惘

如果是比较细心的父母，可以发现，此时孩子会有隐隐的抵触行为，只是还不敢明着和父母对抗，这其实是孩子表达自我的一种方式。

如果父母发现孩子突然不听话了，那往往说明孩子已经对父母忍无可忍，他要跟父母开始抗争了。对于这种现象，我们往往解释为"孩子到了青春期"。

在这段时期，如果父母对孩子比较支持，给孩子一定的自主权，那么孩子通常可以过渡得比较好；但是，如果父母对孩子极度控制，那么孩子则很容易产生对抗情绪，也就是在父母看来孩子突然不听话了，开始的时间大致是在孩子十一二岁的时候。

所以，如果要预防孩子跟父母对抗，在孩子八九岁时就要开始观察他。观察孩子对父母教育的反应，就可以得知孩子的内心需求跟父母的教育是否匹配。像我们家儿子，8岁的时候就知道自己想要什么了。

我儿子现在9岁多了，其实他从8岁开始就已经知道自己想要什么了。

在教育孩子的过程中，我们难免会有一些操之过急的行为。比如，我担心儿子不喜欢阅读，所以在培养他的阅读习惯方面就会用力过猛。这样就让他产生了抵触情绪，如对于学校老师布置的阅读任务，他会有一点不积极。有时他跟我说："妈妈，那些书我已经看完了。"但事实上他根本没有看。

我观察孩子比较细致，所以很快发现了他的这些行为，于是赶紧和丈夫一起调整了教育儿子的动机和方式。现在我们不再直接教育他要提高阅读兴趣，而是更多地用潜移默化的方式去影响他。

因为对于我们直接的教导和说服，孩子已经开始抵触了。他会认为"这是父母要我做的事情，不是我自己真正想要做的事情"，这样他就非常容易产生抵触心理。

孩子的成长是一个动态变化的过程，我们作为父母要不断调整教育方式，而不是简单粗暴地试图用一个办法解决孩子成长中的所有问题。

朱自清曾说过："要让孩子在正路上闯，不能老让他们像小鸡似的在老母鸡的翅膀底下，那是一辈子没出息的。"未来是属于孩子的，孩子未来的路要靠他们自己去走，未来的生活要靠他们自己去创造。

疼孩子、爱孩子，就应该为孩子做长远打算，不能局限在对孩子一时的满足，放开对孩子的"保护"，让孩子在独立中成长。给孩子条件，让他们去锻炼；给孩子空间，让他们自己去安排；给孩子机会，让他们去思考；给孩子机遇，让他们去抓住；给孩子题目，让他们去创造；给孩子困难，让他们去解决；给孩子责任，让他们去承担。

总之，家庭是孩子生命历程的起点，孩子将来有什么样的能力，能够以什么样的姿态立足于社会、立足于未来，多半受家庭影响，取决于家庭的教育。孩子能在青春期放开，是因为我们父母在孩子青春期前已经为他们做足了准备和铺垫。

孩子与异性同学关系密切，是早恋吗

从小引导孩子树立远大的理想，当孩子到了青春期以后，父母往往更容易说服孩子把关注点放在学习和拼搏上。但是，假如孩子从小就过度关注低级需求，那么想从早恋以及其他各种容易上瘾的事物中跳脱出来则比较难。

来我们工作室咨询的家长，经常会提到一个问题："孩子与异性同学关系密切，是早恋吗？"

这个问题，其实不能一概而论。

我们先来看一个案例。

我们这里有一位学员，她的女儿在休学之前曾有过这样一段插曲，就是跟异性的关系有点儿密切。

这位妈妈对孩子的盯梢可以说无孔不入，连孩子写作业时，她都要在旁边不断辅导指正；孩子上辅导班，她也进入教室坐在后排。如果孩子七八岁，倒还可以理解，但事实上孩子当时已经十七八岁了。

这种密不透风的亲子关系让孩子感到非常窒息，导致孩子没办法建立正常的人际关系，所以，会在青春期后异常地渴望同龄人的陪伴和互动。而在妈妈看来，这就是所谓的早恋，这让她感到如临大敌。于是这位妈妈采取了种种手段限制孩子正常的人际交往，甚至挖苦、嘲讽孩子的异性朋友，直接导致孩子的人际关系全线崩溃，为后来的休学埋下了重要的伏笔。

还有一个案例，主人公是一名男孩子。

他的母亲在心理层面对他忽视、冷漠，出于愧疚，在行为层面又对他极其纵容。所以这个男孩对异性表现出异常偏激的爱恋情结。

一方面，他似乎对女朋友爱得死去活来；另一方面，他又极其不尊重对方，甚至因为对方要求和他分手，而威胁女孩和她的家人。他对女孩说，如果不听他的话，就把女孩的隐私照片发到网上；对女孩的父亲说，自己为女孩花了很多钱，要求对方归还，等等。

从男孩的这些行为上，我们可以知道，妈妈对这个孩子的教育出问题了。由于这个孩子从小到大，从妈妈身上感受到的只有冷漠，所以他对情感的需求特别强烈，甚至达到了偏执的地步，无法接受女孩要跟他分手的事情。

但是，假如父母与孩子之间的关系是正常的，孩子到了青春期，会对异性产生兴趣和好奇，但不会对异性产生如此强烈又偏执的情感需求。

从这种强烈又偏执的情感需求，可以反推出这个孩子在心理上应该曾被父母嫌弃与冷漠对待，但在行为上却被极度纵容。因为单纯被嫌弃和被冷漠对待的孩子只会表现出渴求的一面，不会有这么任性的一面。

有这种成长经历的孩子，恋爱行为发生得特别早，纠正的难度特别大。

对于上文所述的两种情况，我们要区别对待。

第一种情况，父母存在认知上的障碍，也就是说，孩子本身没有早恋却被父母认为在早恋。这种情况，需要被干预的不是孩子，而是父母。

第二种情况，孩子确实需要被干预，但这样的孩子往往不愿被干预，所以如果父母愿意干预，能够调整自己的教育方式，那么还是有希望将孩子的思想行为修正的；但如果父母不愿意干预，孩子的问题则是无解的。

除去这两种情况，还有一种是普普通通的家庭，亲子关系比较好——大部分家庭属于这一种情况。孩子到了青春期，对异性有好感，喜欢接触异性。对于孩子的这些行为，父母要表示理解和尊重，但并不意味着父母不需要进行任何干预。

对于这样的家庭，我们建议父母表明自己的态度和底线，但在行为层面不要过多地干涉孩子。当然，如果孩子的行为太过分，也要适度制止。

但最好的做法是从小给足孩子该有的自主支持和温暖，训练好孩子的习惯，并引导孩子树立相对远大的理想，当孩子到了青春期以后，父母往往更容易说服孩子把关注点放在学习和拼搏上。但是，假如让孩子从小就过度关注低级需求，那么想从早恋以及其他各种容易上瘾的事物中跳脱出来则比较难。

另外，聊早恋这种事情，由同性家长与孩子交流会比较稳妥。比如，女孩就由妈妈来教育，男孩就由爸爸来教育。

最后，这事毕竟关乎孩子的隐私，作为父母，还是要在尊重和保护孩子隐私的前提下，提出我们的期待和要求，而不是简单粗暴地去干预孩子的行为。

稍遇挫折就要退学，是孩子太脆弱吗

只有客观中正地评估孩子遇到的挫折是轻微的还是较大的，我们才能够判定这个孩子是不是太脆弱。

很多家长在孩子休学后，会觉得：孩子只不过遇到一点点挫折，就要休学，至于吗？是不是太脆弱了？

事实上，家长所谓的"一点点挫折"，只是一种主观判断。

第一种情况是一些父母会淡化孩子遇到的挫折，特别是一些比较麻木无感的父母，会觉得孩子遇到的都是小事情，下意识地觉得孩子就是矫情，所以他们会对孩子遇到的挫折轻描淡写。这跟评估有误有关。

只有客观中正地评估孩子遇到的挫折是轻微的还是较大的，我们才能够判定这个孩子是不是太脆弱。如果父母评估出错，那我们就要了解一下，父母为什么会对孩子的真实情况一无所知，或如此轻描淡写。

这其实也是父母的一种非理性。

对于这种类型的父母，只有帮助他们恢复理性，再让他们协助孩子去面对这些挫折和困难，才是解决问题的正确途径。

第二种情况是有一种父母，特别是妈妈，小的时候被原生家庭保护得太好，结婚后又被伴侣保护得太好，她们经常表现得美美的、乖乖的，但因为没有经历过什么事情，没受过社会磨炼，所以对待困难就很容易非理性，对待孩子容易小题大做，所以也会导致孩子遇见一点困难就好像很了不得，产生严重的恐慌，导致事情处理得越来越糟糕，最终使事情演变得很严重。

对于这种父母，如果是单纯能力不足，比较听话的，我们就一点点教会他，他也就能一点一点教会孩子。随着父母和孩子能力的逐渐提升，孩子也就不会这么脆弱了。

第三种情况是有些孩子真的稍遇挫折就会退缩，比如，老师稍微严厉的训斥，或一个同学不友好的表情，甚至只是学校没有家里舒服，都会成为孩子退缩受伤的理由。这个基本上跟父母太容易同理孩子，太容易下意识地理解孩子，太溺爱孩子、纵容孩子有关。

这种类型的父母，往往存在严重的非理性，需要被干预。否则，父母根本认识不到自己的问题，也必然不会明白自己为什么会培养出这么脆弱的"瓷娃娃"。

我们不会偏听孩子，也不会偏听父母，而是会对家庭进行一个深刻而长期的观察督导，以便评估整个家庭的问题。

所以，干预这种孩子，我们要分清情况。

对于第一种，我们应竭尽全力说服家长协助孩子去面对挫折，因为孩子真的遇到困难了。但是这个过程会比较漫长一点，主要是纠正父母的过程很慢。

对于第二种，其实就是要提升孩子面对问题的能力，慢慢地孩子就会走出困境。

对于第三种，我们需要让孩子明白，他缺少顽强坚韧的品质，也就是他需要一些抗挫折的教育。

为了方便读者理解，我在这里大概分了一下类，但实际接触的真实家庭的情况往往是很复杂的，也希望问题一直得不到纠正的家庭早点接受干预。

总之，面对孩子的问题，我们要经过具体分析之后才能采取正确的方式来干预。

如何管教孩子，而不破坏亲子关系

成为有权威的父母是不容易的，必须满足两个条件：对孩子的内在情感需求，要有回应，对孩子的行为又能够进行正确的管教，使孩子在内心感受到温暖和支持，而在行为层面又对父母非常尊重和敬畏，这样才能建立健康的亲子关系。在这个基础上去管教孩子，才是有效果的，也不会因为管教孩子而破坏亲子关系。

孩子到了青春期，很多家长会面临一个问题，就是不知道该如何管教孩子。因为青春期的孩子本就敏感叛逆，可能父母只是批评几句，就会激起孩子很大的愤怒情绪。所以很多父母会想：究竟要怎么说，孩子才会好好听呢？

但事实上，管教孩子，重点不是话术，而是父母的心理状态和处理问题的方式。

假如父母让孩子听话，只是为了让孩子服从父母的个人意愿，这样孩子永远不会好好听话，因为这违背人的成长规律。一个人不可能完全受控于另一个人，哪怕是父母也不行。

而如果父母是为了孩子长远考虑，出于为孩子好而管教孩子，孩子是会愿意听的。就算父母的态度没那么和蔼，语气没那么温和，大部分孩子也会愿意听。

孩子毕竟是孩子，他会愿意听从有权威的父母。

但成为有权威的父母是不容易的，必须满足两个条件，对孩子的内在情感需求，要有回应，对孩子的行为又能够进行正确的管教，使孩子在内心感受到温暖和支持，而在行为层面又对父母非常尊重敬畏，这样才能建立健康的亲子关系。在这个基础上去管教孩子，才是有效果的，也不会因为管教孩子而破坏亲子关系。

如果为了保持和谐的亲子关系，害怕发生冲突而不敢管教孩子，这种亲子关系也是有问题的，这样的父母也无法承担管教孩子的责任。

如果简单粗暴地管教孩子，只想让孩子听话，这只能是父母不切实际的期待。教育孩子是动态的、多变的，需要辩证、客观和理性。假如孩子太过听话，他也会有很多的问题。这种孩子基本上是没有自我的，等到以后父母不在了，他会显得孤立无援，而这个时候他的短板会尤为明显。

相反，如果对孩子的任何要求都予以回应，什么需求都予以满足，则是更大的问题。表面上这样的亲子关系很好，毕竟孩子喜欢，父母乐意，相亲相爱又没犯着别人，为什么要干预？但这样的孩子会被自己无限的欲望和惰性控制住，他们在早年会觉得特别幸福，但通常越往后日子过得越悲惨。因为孩子的欲望比任何人都高，身体又比任何人都懒，他不悲惨才是世上最大的不公平吧！

所以，家长对于孩子，需要在发自内心为孩子长远着想的基础上，给予孩子适度的爱与支持，并合理管教。只有这样，才能既管好孩子，又不破坏亲子关系。

但中国人骨子里有对家的眷恋与对"家和万事兴"的信仰，为了"家和"，大部分中国父母会选择回避冲突，宁可压抑自己的诉求也要息事宁人。正因如此，大部分家庭的问题与冲突的核心是没有机会被讨论与检视的，更不用说被有效地解决了。

更因为"家丑不可外扬"的传统思想，孩子就容易抓住父母的软肋。往往父母怕什么，孩子就来什么，结果就是孩子咄咄逼人、肆意妄为。

还有很多父母宁可选择无限包容、无限接纳、无限地给予爱与自由，也不敢对自己的孩子有一点点的要求与约束。就算有心管教与约束，也管教不了、约束不了，只希望孩子在这种爱与包容、接纳与宽容中幡然醒悟，自行走出来或成长起来。

人是需要学习的，更是需要被管教的。从来没有不需管教就能成才、成事的人！

真正的亲子关系其实就是既对立又统一的矛盾关系。这才是父母与子女之间永恒的、本质的互动关系。

对立之处在于，父母在管教孩子的时候，有时是和孩子的恶习和惰性站在对立面的。而孩子很多时候是不明白的，就会把父母当作敌人对待。如果父母事事顺着孩子，也就是顺着孩子的恶习和惰性，亲子关系固然融洽，但也就谈不上对孩子的教育了。

而统一之处则在于，在教育这件事上，父母和孩子的目标是一致的，都是使孩子成长为他们内心更向往的样子，以便以后获得更幸福的生活。

只要把握住"统一"这个根本目标不动摇，至于过程中的"对立"，其实只是暂时性的，没有孩子会因为父母真心为自己好而心存怨恨。

好的亲子关系不是和谐的表象，而是内心的信赖和依靠。

第七章

不想要熊孩子，就别做熊爸妈

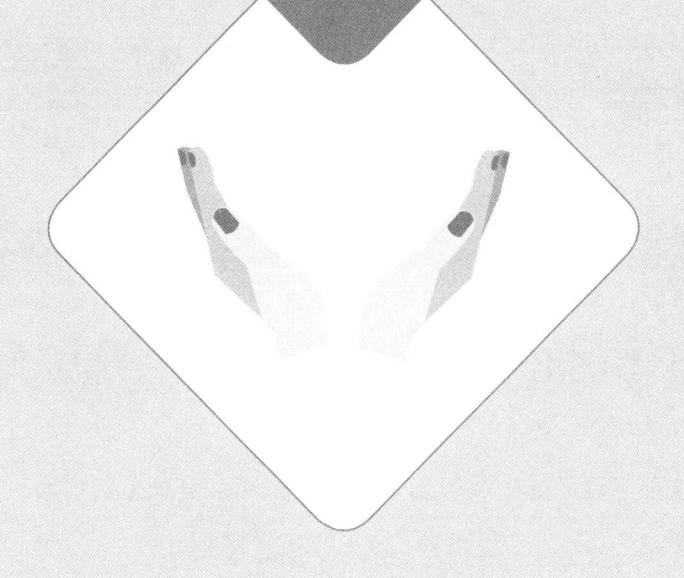

被父母娇纵的孩子，总要被社会教做人

可能有人会说，不要老是怪父母，有些孩子天生就比较顽劣。尽管如此，但如果父母教育正确，这些顽劣的孩子即使经常犯错，内心也会知道自己的行为是错的，受了惩罚后不会有太多怨言，而且被罚后会有所收敛，这些孩子长大后会感谢父母和老师对自己的管教。

多年从事心理咨询和家庭教育工作，我们接待了大量厌学、休学、网瘾和学习无动力的孩子和他们的家长。无一例外的是，这些家庭教育都出现了问题。

有些父母盲目地觉得自己的孩子是世界上最好的，对孩子毫无要求，给予全然的爱与自由，对孩子极尽满足、放纵和包办之能事。

这些家长甚至误以为自己奉行的是西方最先进的教育理念。把孩子的任性当个性，把孩子随意攻击他人理解为有思想懂得批判，把孩子的情绪发泄当成情感受伤。

在这种家庭教育下成长起来的孩子，通常是班里的小霸王，和同学相处困难；甚至会目无师长，抵触学校的规章制度。因为习惯了在家被宠溺骄纵，他们根本意识不到自己有问题，只会渐渐感觉在学校很痛苦，越长大越抵触上学，厌学、弃学就是大概率事件了。这种家庭是求

助我们的"主力军"。

这种类型的父母,有些是因为自己从小生活比较困难,所以现在生活富裕一些就不舍得让孩子受任何生活的苦,甚至不舍得让孩子做一点力所能及的事情。

有些父母从小家庭环境压抑,渴望自由,厌恶管束和教导,内心抵触学校规则和老师的教育,所以他们希望自己的孩子是自由自在的,以致他们对孩子的任性和娇纵无感,甚至在内心深处欣赏孩子的反抗精神,暗喜自己的孩子敢与权威作斗争,赞许孩子一些特立独行的行为,毕竟孩子做了他们不敢做的事情。

因此,虽然从表面上看他们训斥了孩子,但孩子真正接收到的信息是默许和欣赏,所以,他们的孩子才会屡教不改。

可能有人会说,不要老是怪父母,有些孩子天生就比较顽劣。尽管如此,但如果父母教育正确,这些顽劣的孩子即使经常犯错,内心也会知道自己的行为是错的,受了惩罚不会有太多怨言,而且被罚后会有所收敛,这些孩子长大后会感谢父母和老师对自己的管教。

但是,天生就比较顽劣的孩子,再受到父母的错误教育,就很容易在歧途上一去不返。即使犯了错,他们也不会觉得是自己错了,反而会说出千万条别人的错或者规章制度的不合理。而且他们的内心是非常对抗的,就算受罚也是心不甘情不愿的。因为内心的不认同,他们与老师和同学们的关系通常会十分紧张。

生活和学习一直不如意,社会支持系统建立不起来,这些孩子出现心理问题的概率就会极大,厌学、沉迷网络几乎是必然,最后导致休学。但休学还不是最可怕的，他们甚至可能走向犯罪。

这些孩子的内心通常是极度痛苦的，却不知道问题出在哪里，基本上会把问题归结为外界或自己的心理疾病，蜷缩在一个角落里，怨天尤人或者孤芳自赏。

这样的孩子现在很普遍，只是严重程度不同而已。

下面讲几个案例，以加深大家对这些问题的识别。

第一个案例中的这位妈妈很前卫，让孩子从小接受新式的西方教育，对传统的幼儿园非常嫌弃，一直把孩子放在充满爱与自由的某昂贵幼儿园。

但这个孩子到了朋友家的店就会一顿乱翻，到别人家里会在床和沙发上一顿乱跳，大呼小叫，别提有多闹腾，而这位妈妈根本不怎么管。所以，朋友们对她的孩子很不喜欢，但碍于情面也不好说。

从上小学开始，这个孩子在教室里坐不到20分钟就要满校园乱跑，老师说他时他还振振有词地顶嘴。爸爸嫌妈妈没管好孩子，妈妈又满腹委屈，家里每天鸡飞狗跳。最后求助到我们这里，做了很长时间的调整才回到正轨。

第二个案例的这位妈妈超级重视教育，孩子三四岁就开始学感统课、思维课、领导力课、国学课、心理课……市面上的课程几乎学了个遍。孩子却越来越目无尊长，完全不能正常上学。妈妈急得没办法，觉得她的孩子不适合公立学校的教育，又把孩子送往各种小众学堂，却被这些学堂退回来，最后只能送回公立学校。

很多人不认同公立学校的教学体制，但大家有没有想过，公立学校

第七章　不想要熊孩子，就别做熊爸妈

恰恰是我们社会的缩影，对孩子来说是一个大而正常的社会生态系统。而任何一个小众学堂，它的生态都会比较单一。而最后孩子都要走进社会这个大熔炉，那为什么不让他早点儿接触一个相对成熟而生态够大的公立学校呢？

第二位妈妈当年也认为她的孩子应该走小众路线，但最后她的孩子被所有小众学堂退回来，只有公立学校接收她儿子。

但进入公立学校后，这位妈妈每天都接到各科老师的投诉。

一个这么重视教育的妈妈，为什么会把孩子带成这样呢？

深度接触之后，我了解到，这位妈妈小的时候生活非常艰难，她很想把书念好报答父母，可是一直念不好。于是，她每天都假装很认真地学习，可是考不好她又很内疚。

念书对她来说实在太痛苦、太煎熬，体验太差了。所以当她的孩子被老师投诉时，她表面会管一下孩子，但真实的想法是儿子太可怜了，学习太痛苦了，还要被老师训斥，被同学排挤。如果我这个妈妈不支持他，那他怎么有活路？于是她每次稍微管教一下孩子后，就赶紧带着孩子去吃好的、喝好的。

同时，由于这位妈妈自己的内心是很压抑的，所以，当她儿子无视规则、对抗规则时，她下意识是欣赏或默许儿子，因为儿子做了她不敢做的事情。

如此，儿子怎么可能改得过来？

后来，这位妈妈求助我们。上面这些说起来很简单，但要让她自己明白其中的心理逻辑，可不是一件容易的事，前后用了两年才把孩子扭

转过来。

第三个案例是个单亲家庭，孩子出生时得了缺血缺氧性脑病，智力不能正常发育，因此妈妈对孩子从小就呵护有加。为了给孩子治病，第三位妈妈每年都用半年时间工作赚钱，剩下的半年就带孩子去做各种治疗。

来到我们的工作室时，孩子大呼小叫，把我们工作室的每一个角落都喊了个遍。她妈妈进了我先生的咨询室后，这个孩子就在我的办公室里折腾。

她颐指气使地要我给她切橙子。为了测试她的认知程度，我故意拒绝，并认真地和她说："你可以自己去切。"她居然真的自己去了。我还观察到，她用我们公司的电脑时，可以精确地搜索出很多有趣的东西。

等先生出来后，我单独和他反馈了这些情况，然后我先生也认真观察了这个孩子。在她妈妈眼中，她是先天脑子有问题的孩子，她的各种怪异行为，她妈妈都以疾病来替她解释。

可是我先生却严肃中肯地与这位妈妈做了一番交谈，告诉她：就算孩子的智力和理解力都有问题，也不能用来解释孩子现在的行为。孩子的行为之所以存在问题，是因为母亲过于在意孩子身体的疾病，忽视了对孩子正常的教育和教养，忽略了对孩子该有的要求和约束；未来，她的孩子未必会因为智力不足而被嫌弃，但会因为没有适应社会的能力而被孤立。

这位妈妈当时就陷入了沉思，因为14年来，她一直执着于把女儿的病治好。在这么强大的执念之下，我们没想她会真的听进意见，只是尽力做我们能做的部分。

两年后，这位妈妈给我们的工作人员回馈了孩子的转变情况。虽然孩子没有完全正常，但已经学会独立生活，还交了男朋友，甚至想着单独出去闯荡生活，只是这位妈妈不舍得放手。

以上几个看起来问题相似的孩子，父母教育方面出现的问题却大不相同，通常需要对父母进行较长时间的观察和接触才能知道根源。此外，要让父母调整已经固化了几十年的思维习惯，更是一个系统工程。

所以，我们从来不会告诉家长，只要听我们一两次课，孩子就会变好。

做个反思型父母并不是一件容易的事情，形成反思的习惯和教育孩子的正确路径，有时需要特别的训练。否则，对很多问题只能在肤浅的层面思考打转，就很难真正解决孩子的问题。

鸡娃家庭，难出牛娃

通常这些孩子会非常努力，想满足父母对他们的期待，所以在低年级时往往成绩很好，甚至会成为父母和老师们赞许的对象。但从长远来看，这些孩子恰恰是潜在的"*差生*"。

在前来咨询的家庭中，还有一类父母，他们对孩子只有严厉的要求和高期待，却从来不回应孩子的内心需求，不懂得做通孩子的思想工作。

这类父母总是盘旋在孩子的上空，监控孩子学习和生活的一切。这些父母对孩子非常严厉和苛刻，害怕孩子输在起跑线上，把孩子所有的时间都安排得满满当当，不允许孩子有任何个人意愿和独立选择的机会，让孩子像机器人一样严格执行父母给他们制定的人生规划。

这样的孩子最有迷惑性，因为在小学阶段，他们会表现得很优秀，甚至是老师最喜欢的学生。但这种孩子其实是潜在的差生，因为他们之所以学习，只是为了追求高分，对学习并没有真正的热情。

他们运动也只是追求技能和名次的提升，而对勇气、坚持、刻苦等体育精神是不向往的。

他们甚至可能担任班干部，看起来很有领导力，但内心追求的是位高权重的感觉，既没有学会肩扛重任，也没有服务公众的意识。

他们如果拥有高智商、高情商，往往会活在一个虚假的人设里，变成精致的利己主义者。如果智商和情商一般，则会在高年级后突然出现崩塌。因为随着长大，他们不能一直保持优秀，只要他们觉得自己变差了，就无法客观看待失败，从而开始抑郁、自暴自弃，甚至一蹶不振。

这些孩子看起来脆弱得像一个瓷杯，但我们在多年的工作中观察到，其根源在于他们身后有一对不允许他们犯错的父母——也就是来求助我们的"主力军"。

但这种类型的父母并不是一无是处，至少在孩子小的时候，他们不会允许孩子无法无天，不会对孩子过度宠溺。

这种类型的父母，往往小时候生活艰苦，靠着自己极其努力地学习，跨越了贫穷阶层，因此他们的思维会完全陷入唯读书论。这些父母是不是真的热爱读书，或者享受求知的乐趣呢？或许有小部分是，但大部分是为了摆脱生活的困境。

靠读书改变命运是这类父母的执念，这会导致他们只关注孩子的学习成绩，而忽略对孩子内在品质的培养。

这些父母最常说的一句话就是："孩子，你只要好好读书就行，其他的都不用你管。"所以，他们会包办孩子读书以外的一切事务。只要孩子学习成绩不好，他们就会焦虑不安。而孩子也完全习惯了这种状态。

通常这些孩子也会非常努力，想满足父母对他们的期待，所以在低年级时往往成绩很好，甚至会成为父母和老师们赞许的对象。

那为什么说这些孩子是潜在的差生？

第一，由于父母狭隘的唯读书论，忽略了培养孩子的生活能力和社交能力，孩子除了会读书什么都不会，在日常生活和人际交往中经常受挫，但这些孩子是不可能想明白他们的问题的。

第二，这些孩子从小就认为，只有成绩好才能获得成就感。他们会非常坚定地认为，如果自己连读书都不行，那就一无是处。所以他们要求自己无论在哪里都必须是第一名。这样的孩子往往会突然崩溃。不是因为他们变成了差生，而是他们没有达到理想的水平。也就是说，当他们的生命只有学习这一个支点时，崩塌就是迟早的事情。一旦崩塌，由于无法客观看待失败，他们往往会一蹶不振。

当他们痛苦过后，在寻求解脱的过程中，会发现父母给他们的生活是很富足的，他们根本不需要为生活而苦苦读书。这时有一部分孩子会想，既然读书毫无意义，那他们这些年到底在干什么？从此感到迷茫，认为生命无意义。

但这些孩子内心的痛苦是他们的父母无法理解的，这些父母觉得他们竭尽全力为孩子创造了尽可能好的学习条件，最后孩子却不买账，也不感恩。

这些父母也是无可奈何的，痛苦的程度不亚于孩子，但是作为父母，无论他们多么痛苦，为了拯救孩子，都会拼尽全力。正是源于这个动力，他们才会有做出深刻改变的可能。

这类孩子出问题后，父母的应对方式，决定了孩子后续的成长方向。

1. 父母求助于提倡爱与自由的学习机构

机构会告诉这些父母，过去对待孩子的方式是错的，"孩子不是你的附属品""孩子的问题都是父母的问题"……父母通常会产生强烈的内疚感，对孩子忏悔，甚至对孩子下跪，完全放弃对孩子的要求。他们以为这样做孩子就会变好，但很不幸，真正的噩梦刚刚开始。

父母做出这样的改变后，孩子会怎样呢？

孩子原本处于迷茫中，感觉生命无意义。如果趁此时机让孩子思考人生的意义，是有可能让孩子顿悟的。但此时父母却来忏悔，把责任都揽到自己身上。这下孩子"恍然大悟"：哦，原来都是父母的错，我是受害者！

这可能会暂时缓解孩子内心的痛苦，但实际上，更大的痛苦已经悄悄埋在了前方不远处。

为什么呢？

因为只有在痛苦中检视自己的问题，找出解决问题、改正错误的方法，孩子才能真正成长，真正从过去的痛苦中解脱出来。但是如果把自己的问题都归结于"父母做得不好"，那这辈子都走不出受害的泥潭。

2. 父母求助于强制改造类机构

部分强制改造类机构会采取极端方式对待孩子，如电击、殴打等，很容易导致孩子身心受到真正的伤害。这些孩子迫于父母的压力，往往不敢明面和父母太对抗，但内心却非常抵触。只是父母有时候根本不在意，幻想着孩子会变好，直到把孩子逼到真正崩溃，这是让我们特别心痛的地方。

3. 父母坚持原来的教育方式

如果父母坚持原来的强硬教育方式，孩子可能会朝两种方向发展。

第一，有一些比较叛逆的孩子会逃离父母，这样的孩子通常是勇敢的，体验过人间冷暖后，会渐渐明白父母，会用辩证的眼光看待父母，但又不会怪罪父母。这个反而是一件好事。

第二，另一些孩子会选择妥协，完全听从父母，过上父母为他们安排的生活。不过他们其实没有自我，活得像傀儡，经常莫名其妙地想要反抗一下，但又迅速妥协，无论表面多么成功，都掩饰不了内心的虚弱。

4. 父母该用正确科学的方式对待孩子

父母对孩子，既不能过于严厉，又不能过于溺爱纵容，在严厉与纵容之间需要有一种既斗争又团结的关系。

父母不应该强迫孩子去做一些事情，逼迫他优秀，逼迫他成长；而应在孩子们有问题的时候，有需要的时候，顺势推动他们去行动起来。就像打太极拳一样，让孩子在完全没有警惕、没有对抗的情况下，自然地被推动成长。在这个过程中，也能建立起父母在孩子心目中的权威和地位，使他们在尊重父母的同时，知道在他们需要的时候，父母总是会给他们合适的指引，包括必要的心理支持和解决问题的建议。

这才是父母对待孩子的正确方式，也只有在这种家庭教育下成长起来的孩子，才能变得越来越优秀。

第七章　不想要熊孩子，就别做熊爸妈

冷漠是对孩子的极大伤害

我们接触过这样的父母，很难想象他们养孩子是为了让孩子陪着他们，向孩子索取温暖和关爱。

有些父母，对孩子既没有要求和期待，也没有满足和呼应，有的只是冷漠；明明就在孩子身边，却让孩子在精神上像个留守儿童。

父母对孩子不重视，自然很少来求助我们。孩子慢慢也会对情感很淡漠，在这种家庭长大的孩子往往会在成年以后也因为体验不到幸福感而来求助我们，但改变会非常艰难。

这种类型的父母，大多来自社会底层。讨生活已经耗费了他们全部精力，没有多余的力量来教育孩子、关爱孩子。而更根本的原因在于，他们太在乎自己的感受，把自己的感受放在第一位。

我们接触过这样的父母，很难想象他们养孩子是为了让孩子陪着他们，向孩子索取温暖和关爱。如果这个需求在正常范围内，会让孩子怀有感恩之心，这是没有问题的。但长期深入接触后会发现，相比于孩子的未来，这些父母往往更在意自己的感受。

我们接待过一位妈妈，她的孩子一直想逃离她，而她来求助的诉求就是让孩子回到她身边。后来我们发现，这个妈妈是对孩子极度黏附的，具体表现为，孩子从小到大，这个妈妈都要孩子陪着她，比如她出门会觉得自己很孤单，需要孩子陪她，所以不管天冷天热还是凌晨三四点都要女儿起来陪她出门。任何时候她和女儿在一起，都要女儿围着她转，给她温暖。所以，孩子就从很小就只想一个人住，非常怕被她妈妈黏上。

当然我并不是评判这些父母，其实他们对自身的心理状况是不自知的。但如果要改变家庭现状，他们就必须从内心做出转变。有一些父母做了一些不好的事情，如出轨，然后生下孩子。这些孩子非常无辜，自出生起就背负原罪。而这些父母为了逃避自己犯错的事实，也会在潜意识里不愿意看见这个孩子，但出于对孩子的愧疚，又会在物质上加以弥补。

这样做其实会更糟糕，因为这样的孩子在心理层面是被遗弃的，但在物质上又是被纵容的。一个健康的孩子，需要在心里感受到被支持，但在身体和意志上要被不断磨砺。一旦父母做反了，对孩子的成长则会造成很不好的影响。

本来孩子由于无所依靠，至少会感悟出内敛的生存之道，虽然可能被人欺负，但也可以借此磨砺身心。因为他们的内心感受不到被支持，所以他们在人群中总是谦让的、隐忍的、宽容的，所以别人和他们相处是舒服的，因此他们通常是受欢迎的，也是被信任的。

如果他们的智商水平不低，会过上一般人觉得还不错的生活。但也因为内心没有被支持过，他们虽然会变得很顽强、很努力，但内心通常是焦虑的，很难踏实，很容易被别人进行人格控制，那些PUA组织通常会找这些人下手，因为他们属于给颗糖就会跟着走的类型。

孩子需要父母在其位，需要父母支持自己、爱自己、包容自己。

无论多忙多累，父母都不要忽视对孩子的陪伴。在与孩子交流、玩耍的过程中，家长既可以缓解自己的工作压力，又可以增进亲子关系，避免孩子产生心理问题。

一是多和孩子进行交流。

为了培养孩子的心理健康，父母要经常挤时间来陪孩子。尽量下班回到家后，陪孩子聊聊或活动活动，也可以问问孩子在幼儿园或学校的情况，但也不需要很频繁，让孩子感受到父母对他们的关心即可。

二是利用节假日带孩子外出走走或游玩。

外出游玩，不仅可以让孩子开阔视野增长见识，还能锻炼孩子其他方面的能力，如与陌生人交往，对行程做计划安排等。更重要的是，在游玩过程中，可以增进父母与孩子之间的亲密关系，让孩子体会到父母的爱。

父母再忙，都不要忽视了对孩子的陪伴。虽然我们不强调唯陪伴论，更不需要父母围着孩子转，但父母适当的陪伴，特别是在一些对孩子比较重要的时候，如孩子刚上幼儿园、刚入小学、小升初等，或者重病或重大事件发生时，这样孩子才能够保持健康的心理，快乐地成长。

父母短视，教育必败

"凡事预则立，不预则废"，教育子女，更不能盲目。无知、短视的苦果最后只能由自己来品尝！

思考一下，在教育孩子的时候，你的精力、时间、心思，是多花在孩子的品德上，还是整天忙着带孩子学这个学那个？

有太多的父母把才艺训练当作品德训练，以为孩子只要有才艺就会获得理想中的品德。最糟糕的观念是"只要学习成绩好就什么都好"，完全无视孩子的思想品德教育。

有些父母会意识到品行训练的重要性，但孩子身上始终没有良好品行的时候，他们却没有思考一下为何如此。

他们只是想当然地认为，等孩子长大了，到社会上去磨炼磨炼，自然就会变好，就会上进了。在物质匮乏、世道艰难的年代，生活没有那么便利，也没有互联网，人需要面对面交流，做什么都需要依靠交际能力，因此这样的想法或许还可行。但在今天，强大的互联网和物流，让宅在家里、不和任何人接触成为一种可能。稍具灵活性的人，也完全可以通过互联网获得不错的收入，甚至虚幻的友情、爱情和成就感。

他们看起来完全适应这个"互联网+"的社会，唯一不需要的就

第七章　不想要熊孩子，就别做熊爸妈

是真实的人生，或者说是有触感的、有难度的、会痛苦的、会失控的、会受挫的人生。我真正担心的是这个，却常常和前来求助的父母南辕北辙。他们想要的是赶快把孩子推出去，让他去读书或者去工作。而我着急的是，这些孩子是不是苟活着；他们有没有能力和人建立关系；能不能受得了关系中的种种挫折和非难，然后推进关系；能不能和人真正地亲密，未来会不会有知心好友、爱人。

我担心的是，这些孩子的未来有没有价值；能不能不做受害者，而是成为给予者、创造者、付出者；能不能承担起本该他承担的责任，而不是都推给别人；能不能不玻璃心，不会动辄就觉得受害、痛苦，就想去死。我还担心，这些孩子有没有动力，对物质有没有欲望，对成功有没有野心，对事业有没有渴求，对异性会不会有强烈的兴趣。

我更担心，他们有没有尊严，会不会用自己的努力和奋斗来维护自己的尊严，而不是退缩和逃避；遇到伤害、痛苦，能不能自己扛起来，闯过去；能不能用理性的态度看待挫折，而不是用空想、幻想乃至自我催眠来麻痹自己。

我甚至担心，他会不会关心别人；能不能体会他人的不容易，能不能知道别人的辛苦；能不能因为不忍他人受苦而主动做些改变，而不是成为一个"键盘侠"，只在虚拟的世界里表达自己的正义与勇敢。或者说，他能不能心疼父母、体贴父母，真正地为父母做些事情，而不是口头上的应付，甚至是行为上看不起父母。

这些才是父母真正要思考、要关心的，而不是从一个错误走向另外一个错误。比如，从宠爱、迁就、无限接纳与包容走到冷漠、暴力、争

吵，甚至是赶出家门、断粮断供、不再交流的地步，这只会铸就更大的错误，造成更多的伤害！

此时父母们需要痛定思痛，要认真学习、反思一下：我到底做错了什么？我为何会把我的孩子养成这样？我的思想、我的想法和别人有什么不同，和那些积极向上的孩子的父母有什么不同？我错在哪里，别人是怎么做的？怎么做才是有效的？

接下来要思考的是，孩子已经这样了，那怎么做才是有效的、合理的、有规划的，才能一步一步把孩子原先的行为纠正过来；如何才能把孩子的内动力引发出来。这才是最重要的，而不是简单地认为，既然以前那些都做错了，那就反着来好了。

我当然能理解这些父母心中的痛苦与着急，可是逼孩子去读书，去工作，难道他不会在学校里，在工作岗位上敷衍、应付？心灵课上总喜欢说"父母是原件，孩子是复印件"或"孩子的问题，最终都是父母的问题"，很多父母因为见得不够多、想得不够远，所以总认为自己的孩子不会那么糟糕——"不至于啦""不可能的""怎么会呢"。

如果你用我说的这些内动力去检测你的孩子，你可能就会吓一跳。

我见过一个很温暖的男孩，他告诉我说（带着夸张的成分），有一次他说起想去创业，当然只是提了这个想法而已，他的父亲就随手"啪"地一下甩给他一张存有50万的储蓄卡说，拿去创业吧，不够回来再拿！

那个男孩就拿着这张卡，盯了一个晚上，也想了一个晚上，最后他想明白了一件事情，这50万让他花，他可以很快地花完，但要让他拿这个去赚钱，他不知道他能干啥。于是第二天，他就把这张50万的银行卡，一分不少地还给了自己的父亲。然后他继续干着自己那份半死不活的工作。

我不知道，你们作为父母看到这些是什么感受？反正我感到非常痛心！我痛心这个孩子对钱都没有了欲望，对物质都失去了欲望，他的人生已经提前进入了百无聊赖的状态。

更可气的是父母们，并不知道是自己给得太多，做得太多了。是自己令孩子对生活、对物质失去了兴趣，对世界失去好奇，对生活失去了动力，对青春也失去了热情。然后他们还幻想着孩子明天会有出息，想着我们家的孩子很好啊，没有什么大毛病，人也很善良，很体贴父母，平常没什么问题。

那你的孩子为什么会彻夜地打游戏？为何晨昏颠倒？为何彻夜不归，离家出走？为何脾气暴躁、易怒伤人？为何从来不听你的话？为何这么玻璃心？为何脆弱、恐惧、不安、抑郁？为何要自残，甚至自杀？

当我这么连环逼问下去的时候，很多父母心里会很不舒服，觉得我都来求助了，却要被逼问一堆。我自己要是懂的话，我还来学习干嘛？

这个是我反问父母的时候，常常遇到的情况，这里也稍微说明一下，我上文用这么多问句，真正用意不是指责，很多人习惯性地把指出问题的那个人默认为是在指责。

而实际上，我只是想让大家顺着这个方向去思考，每一个问句的背后，都要有自己的琢磨和思考，而不需要解释给我听。

再说了，我怎么可能去责怪父母呢？他们也是这么长大的，他们的父母也从来没有教过他们怎么做父母。大部分人都是这么无意识地长大了，不知道自己怎么会是今天的自己，成功了不知道自己为何会成功，失败了也不知道自己为何会失败。父母们也只是用自己的经验，无意识地教育着自己的子女，却不知道这种教育方式可能错得非常离谱。

像上面这位孩子的父母，其实他们真的没有认真去思考过，孩子要成才，要创业的前提条件是什么？真的只是钱的问题吗？如同我前面讲的，只是把孩子推向社会，然后他就自然会历练成人？就自然会上进，会努力，会进取？会逢山开路、遇水搭桥、披荆斩棘地克服各种苦难，然后走向成功？

这些问题都不做深入的思考，只是盲目地推动，自然失败就是大概率的事情了。老话说"凡事预则立，不预则废"，教育子女，更不能盲目。无知、短视的苦果最后只能由自己来品尝了！

第八章

亲子矛盾尖锐,怎样挽回孩子的心

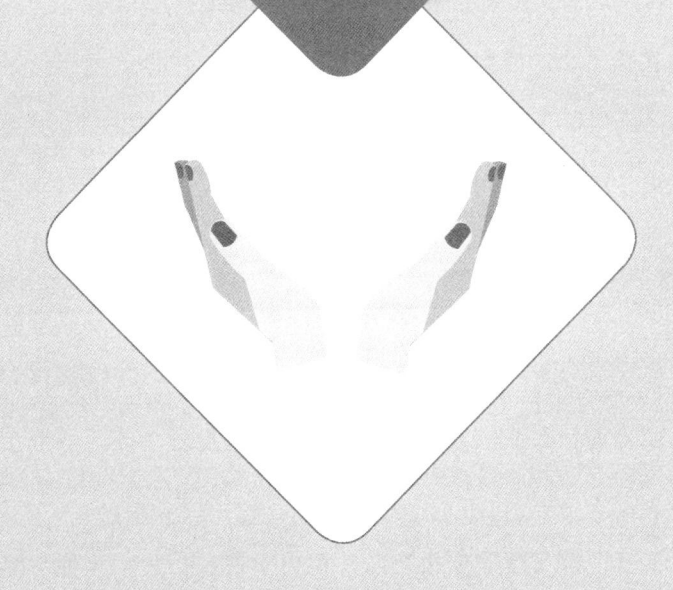

留守孩子对父母满腹怨怼，如何才能扭转局面

其实对孩子造成伤害的并不是留守本身，而是父母对孩子的内疚，这让孩子觉得他受到了不公平待遇。

在孩子小的时候，父母一定要给予足够的情感回应。所以，只要有条件，父母一定要把孩子带在身边，至少保证孩子每天都可以见到父母，每天都可以和父母进行有效的互动。

因为在孩子小的时候，父母必须和孩子建立牢固的情感纽带，这样在管教孩子的时候，孩子才不容易产生抵触对抗的心理。

而如果父母在孩子8岁之前，并未和孩子建立起牢固的情感纽带，等孩子长大后出现问题，想立刻去调整孩子的问题，去管教孩子，这个是不太可能的。孩子与父母没有感情基础，不会认为父母管教自己是为了自己好，也就不会服从父母的管教。

这也就是为什么我们夫妻俩再艰难，也要把三个孩子都带在自己的身边。

但确实有一些父母完全没有条件把孩子带在身边，这种情况，我们不能太苛责父母。如果父母能够为孩子找到一个可信赖的照顾者，其实也不会出现太大的问题。

第八章　亲子矛盾尖锐，怎样挽回孩子的心

一般情况下，如果孩子实在需要留守，我们要尽量选一些真正疼爱孩子的人来照顾他，如孩子的祖父母。

但有一部分留守儿童，因为受网络上受害者思想的影响，会下意识地认为自己作为留守儿童，必然受到了一定的心理伤害，并且不假思索地对父母产生不满情绪。

实际上，孩子的这种想法对父母而言是不公平的，因为有些父母真的没有条件把孩子带在身边，就算会给孩子造成一些影响，但那也不是父母的主观意愿。在这种情况下，父母通常会对孩子感到非常愧疚，而这种愧疚被孩子抓住以后，更容易引发孩子对父母的怨恨。

对于这种类型的留守儿童，我认为他需要认真了解父母的生存状况，理解父母。

但是还有一种父母，他们明明有条件，却想把孩子遗弃在祖父母身边。那孩子与其跟这种父母住在一起，还不如不住在一起，因为就算孩子住到这种父母身边，父母也不会对孩子负起真正的教育责任。

有时我们甚至觉得，如果是这种父母，孩子留守比不留守更好。因为如果父母本身想遗弃孩子，那他内心对孩子就是不想看见、不想理的，而这个时候孩子因为留守而得到祖父母的爱，实际上也可以让孩子产生足够的自我认同感，而这种自我认同感会让孩子的生命有意义。其实非常多的祖父母对孩子的情感是非常深刻的，所以有些孩子对祖父母的情感也会更深厚。

对于确实没有条件把孩子带在身边的父母来说，把孩子留在老家也是可以的，但是一定不要对孩子感到内疚，因为父母外出打拼也是为了

给孩子提供更好的生活。尽量为孩子选一个能爱他、照顾好他的人也是可以的，等条件好转后再把孩子接到身边。特别是孩子三岁左右后，我是真心觉得就算接过来把孩子放在托儿所，这样孩子最少晚上能见到父母，也好过父母一直不在身边。

其实很多时候，对孩子造成更深伤害的并不是留守本身，而是父母对孩子的内疚，这让孩子觉得他受到了不公平的待遇。

我小时候很多留守儿童，因为父母要出远门赚钱。我三岁之前是由奶奶带大的，但好在我四岁后基本都是和父母在一起的。

当然，当年容易导致孩子沉迷的东西不多，并且我小时候生活还比较艰难，只要父母没有过度溺爱，生活艰难的年代是比较容易激励出人的奋斗和创造精神的。但最主要当时应该没有"留守儿童"的说法，父母也是农民，他们认知很简单，既然我们整家人都没办法生存了，那去外地挣钱就是理所当然的事情，哪里会有这样对孩子有没有心理伤害这么一说？

反正大家都这样，父母也不会对我们感到内疚，而我们也都好好的。

我小时候算好的了，还有奶奶在家，很多小伙伴是只有自己在家，并且还要负责照顾好弟弟妹妹。

虽然留守儿童肯定存在一些问题，但毕竟那个年代的大多数人还是以奋斗和改变为主基调，而不会被心理疾病所主导。

我个人觉得，除了留守本身会产生一定的影响外，现在网络对"留守"的宣传导向是有一些问题的。很多留守儿童长大后，因为生活过得不如意，反向推导出他们的失败是因为留守在家。

当然，我从来不支持让孩子留守，只是觉得有些问题是值得探讨的，并且主要是在网络的影响下，父母对留守孩子本身产生很大的愧疚。因为双方都在放大留守问题，最后就导致一方拼命补偿，另一方理所当然地被补偿，而忘记了孩子不成功或过得不如意更多是因为自己的恶习和惰性。

很多留守儿童之所以出问题，其实不仅仅在于情感获得不够，更主要的原因是缺少管教，因为当父母有巨大的内疚感时，自然无意识就放弃了身为父母管教的责任。

在这个物质相对丰盛，网络等各种让人成瘾的东西十分普遍的时代，没有被父母管教和训练，导致留守儿童出问题的占比是更大的。

所以，即便父母实在没有条件将孩子带在身边，也不要忽视与孩子的沟通，以及对孩子的教育，尤其是在孩子小的时候。

儿子对爸爸冷漠厌烦，是否为"弑父情结"作祟

儿子对爸爸很敌对、很冷漠、很厌烦，基本上是因为妈妈对爸爸有敌对、对抗、冷漠、厌烦、抱怨的情绪。

曾经有一位妈妈向我咨询，说儿子与她的感情很好，但是对爸爸却总是表现出冷漠和厌烦。她问我，这是不是因为孩子有所谓的"弑父情结"。

其实，我个人从事心理咨询工作这么多年，最不能认同的就是用一个专有名词对某种现象进行归因。

假如说儿子对父亲冷漠厌烦，或者说女儿对母亲有诸多抱怨、怨恨，基本上可以肯定父母之间的关系是有问题的。

特别是儿子对爸爸很敌对、很冷漠、很厌烦，基本上是因为妈妈对爸爸有敌对、对抗、冷漠、厌烦、抱怨的情绪。因为孩子在小的时候，一般是妈妈带得多，他容易跟妈妈结成共同体。

孩子在小的时候分不清楚这是妈妈的情感还是自己的情感，所以会将妈妈的情感视为他自己的情感。假如妈妈在无意识中向孩子传递了对爸爸敌对、冷漠、厌恶的情感态度，孩子自然就会接收到这个信号，也会无意识地去对抗、厌烦父亲，经过长时间积累，就逐渐形成了所谓的

"弑父情结"。

虽然知道夫妻关系有问题，但具体是爸爸引起的夫妻关系问题更多，还是妈妈引起的夫妻关系问题更多，就要具体家庭具体分析了。因为基本上是双方都有问题，只是要看哪一方的问题更大一些。

对于这种情况，调整孩子需要调整整个家庭，所以这就是我们在干预孩子的时候，一定要干预整个家庭的原因，这是调整孩子前必须完成的任务。除非是单亲家庭，不然我们基本上都要稍微调一下他们的夫妻关系，调到夫妻之间能够合力去调整孩子。

否则，要架空其中的一方来直接调孩子，可能性极低，当然也有那种极度权威的父母，能够凭一己之力调得动孩子，但是这样显然会比较吃力。

所以说，孩子对父亲冷漠厌烦，我们不会简单地归因于"弑父情结"，而是要在更具体的问题中去调整家庭。

夫妻关系好的家庭，孩子基本不会产生所谓的"弑父情结"，也不会有明显的恋母、恋父情结，只是会有一些孩子与母亲比较亲近，与父亲比较疏远。那也只是因为通常母亲每天和孩子在一起的时间更多一些，关系就比较近；父亲没有深度参与照顾孩子的工作，自然显得疏远一点。

心理学并不是神乎其神的东西，不必把问题套上神秘的心理学名词。用普通老百姓听得懂的话去分析道理、解决问题，才是有效的途径。

这里分享一个案例给大家。

有一位妈妈来找我们咨询孩子休学的问题，在交谈过程中，我得知孩子对爸爸感情淡漠，态度疏离。

她先生的职业具有特殊性，夫妻俩长年两地分居，孩子几乎都是这位妈妈独自抚养的，夫妻的感情难免会有些隔阂，妻子心中难免有很多的不满与怨恨，所以孩子也受到妈妈的感染，对爸爸有很多不满的情绪。

我花费了一些时间，先打开他们夫妻的心结，教他们如何更好地理解对方，如何满足对方心中的期待。夫妻关系的问题解决了，他们家孩子的问题也自然解决了。毕竟丈夫被妻子理解了，他们自然也就有力量和能力共同面对孩子了。

实际上，孩子的爸爸是一名非常卓越的科学家。这么多年来，他为国家做出非常大的贡献，只是因为工作性质的原因，在社会上声名不显。但家里的奖章、荣誉证书如实地记录着这位父亲的荣誉，也因为太多了，更因为保密需要，都被妈妈收到一个箱子里藏起来了。

孩子呢，只知道爸爸是个科学家，但从来不知道爸爸的优秀和他有什么关系。在孩子眼中，爸爸就是个缺失的概念，甚至是不称职的爸爸，再加上妈妈的怨气，所以孩子实际上对爸爸是有怨的，并没有那么认同爸爸。

而我呢，赶紧协助他们夫妻，重建父亲在这个家庭中的地位与荣誉感。当这个荣誉感被重建起来，孩子自然就对父亲心生崇拜。父亲形象的重新树立，立刻带动了这个孩子对父亲的向往，也化解了孩子心中对父亲的怨恨。

所以，儿子对爸爸冷漠厌烦，归根结底还是妻子对丈夫满腹怨怼。解决了夫妻关系问题，孩子的情感自然会被影响和改变。

孩子动辄打骂父母，家长如何破局

任何时候，子女操控父母、打骂父母，甚至有些暴怒的子女居然想和父母拼命，这样的孩子，事实上都已处于堕落中了。若不赶紧导正，成年后将会给社会带来巨大的问题。

大部分的休学家庭（含各种"家里宅"的情况）都或多或少失控了，溺爱孩子的家庭无一例外都是"小皇帝"当家，父母和孩子基本上都是主次颠倒，较好的情况是彼此能相安无事，谁都不碰谁。而"仆人"想要改变"皇帝"，那怎么可能？

而失去了约束的"小皇帝"，他会反思，会自省，会自律，会自行改过，会自行成才？他从来没有被训练过的能力，现在自行就会了？各位不妨去看看爱新觉罗·溥仪所著的《我的前半生》，看看这个末代皇帝最后是怎么被改造成一个自食其力的劳动者，这或许更有借鉴意义。

任何时候，子女操控父母、打骂父母，甚至有些暴怒的子女居然想和父母拼命，这样的孩子，事实上都已处于堕落中了。若不赶紧导正，成年后将会给社会带来巨大的问题。

但孩子为什么会变成这样，又非常值得探讨，孩子一旦打骂父母，其实就已经错了。不仅是父母失去权威的问题，更是这个孩子在对抗的路上一路狂奔，最终可能把自己彻底搞废。

还是用案例说明一下，我们曾接待过这样一个家庭，一个妈妈来求助时说她孩子经常威胁她跳楼或打骂她，我们细细了解情况后得知，这个孩子在初中以前是爸爸带的，虽然有点小毛病，但总体来说是个好孩子，无论是孩子的课堂老师还是辅导班老师都觉得孩子是个挺好挺听话的孩子。

但后面妈妈从外地调动回来接管孩子后，孩子就开始各种出格过分的行为。经过反复地对他们家的事件抽丝剥茧地还原后，我们发现这个妈妈对这个孩子的控制完全到了疯狂的地步。无论是多么简单的一个问题，这个妈妈一定要把孩子纠正到和她期待的完全相符，不然就会被这个妈妈无止境地说教和责骂。刚开始孩子是竭尽全力地想做到妈妈满意，但孩子发现，无论他怎么做，他妈妈都是无休止地继续逼迫。终于有一次，在妈妈的逼迫下，孩子被激怒到拿刀反抗她，这个妈妈被吓得落荒而逃。

从此，孩子就开始各种反抗。刚开始只是精准反抗他妈妈，因为在反抗中尝到甜头，后来就开始泛化反抗所有规则、所有权威，并以挑战权威为骄傲。于是这个孩子就完全废掉了。

当一个人，不管什么时候面对什么人，都对抗、都挑战，其实就失去了成长的可能，甚至失去和谐生存的基础。所以有时严重非理性的妈妈，其实不知道孩子到底怎么了，孩子为什么变成今天的样子。到底是自身什么问题导致孩子出现了问题，她们只看见孩子很熊很坏的一面，看不见到底是怎么把孩子给逼坏的。这时，父母就会觉得自己怎么这么惨，生一个这样的孩子。如果这样，他们家的问题就是无解的。

而一旦孩子变成这样，就不是说父母单纯向孩子认错，家里就会变好这么简单了。因为孩子虽然刚开始是被妈妈逼迫后反抗变成这样，但后面孩子也在自我构建，自己变成这样的人格，并会一直强化，直到自己"黑化"。

想让"黑化"的孩子变回原来的样子可就没这么容易。他早已不怕父母或权威，完全没有敬畏可言，想通过讲道理让他改变现在的样子是不可能的。

所以，我建议"非暴力不合作"，它的真正用意就是阻止孩子继续堕落，恢复父母的威权，让父母拿回主导权，让越位的孩子退回原来的位置，让孩子恢复本性，而不是任其演化、变形、魔化。

失序的、失去制约力量的孩子，事实上已经处在变形、魔化的状态之中了。他会误以为自己很有力量，因为他能打败父母了，能控制父母了。失去外在的制约力量，失去对规则、对权威的敬畏，那人要靠什么自我约束？靠自律？自律的前提是他得学会啊，得先被约束住，而后成为自觉，才有自律，也即是先有他律，而后才能有自律。

未成年子女打败了父母，失去了管教与约束，也意味着他内在秩序系统的崩溃，所以，他潜意识里的约束力量也会相应崩溃。所以，这个状态下的孩子，非常容易出现各种幻觉，被迫害妄想、幻听、幻视是常见的表现。

这其实就是内在秩序崩溃的表现。

偶发性的幻觉是人的一种正常心理反应，就算是心理健康、情绪稳定的成年人，也难免会出现一些妄想或者幻听、幻视的现象。比如，我们耳熟能详的草木皆兵、风声鹤唳、杯弓蛇影的典故。但心理稳定的成年人，心绪宁静下来的时候，他是能分辨清楚这些不是事实，只是自己心境的反映。

未成年人却未必。特别是当他的这些妄想、幻听、幻视能获得益处时，他就很难从这些幻觉中醒来。常见的益处是，可以让父母继续围绕着他转，可以继续控制父母，让父母的情绪围绕着自己波动。

这是孩子常见的一种控制父母的手段。类似婴儿通过哭闹就能获得父母的关注和爱抚一样。只是这个行为，在成长的岁月中被另外一些形式替换了，比如生病、痛哭、痛苦，比如有心理问题，强迫、抑郁、自杀……

当然，这里千万要注意的是，我不是说生病、有心理问题、自杀的孩子都是为了控制父母；我只是说，在失序的家庭关系里面，这些症状非常有可能成为孩子控制父母的有效手段。实际上最难处理的也在这里，生病是真的，心理问题也是真的，自杀的痛苦更是真的，只是这个真，会被无意识地用来控制父母！

这就类似于孩子摔倒了，身体磕破流血了，那他的疼是不是真的？当然是的。但他摔倒后不肯起来，非要赖在地上打滚，并且一定要父母抱他才肯起来，这就是耍赖了。

身体磕破流血是要被安慰和照顾的，但耍赖不行，这就是原则。孩子有现实的困难和痛苦，这可以被理解；但借病耍赖、借问题来控制父母，一定是不允许的。

第八章 亲子矛盾尖锐，怎样挽回孩子的心

曾经被打倒过的父母，实际上大部分都是自行放弃父母权威的，一听说要建立父母权威，总会迫不及待地，想用压制、惩罚、控制、强权的方式来对待孩子，却很少认真思考过，曾经行不通的方式（孩子小的时候你肯定用过），难道现在突然间就有效了？特别是在孩子已经进入青春期，或者已经是成年人的情况下，如果真的被压制住了，其实也有问题，因为不会反抗的孩子，未来是没有力量的。

每个家庭要立足于自己的实际情况，用辩证的思维来思考自己家庭的问题，慢慢尝试适合自己家的方式，但要让这样的孩子转回来，一定要做好持久战的准备。父母不仅要有足够的勇气，还需要足够的耐心和智慧。

父母不优秀，可以成为孩子不上进的借口吗

就算父母很差，就算父母什么都不如别人，难道就是孩子不上进、为所欲为、自暴自弃，乃至对父母恶语相向、拳脚相加的理由吗？

随着现代西方心理学以及各种自由主义思想的传播，中国父母管教孩子的权力逐渐被质疑和削弱。好像只有西式民主的父母才是对的父母，而只有对的父母才可以管教孩子，若是错的父母，连管教也是错的。

所以，大家得出的结论自然是父母必须学习，要学习做对的、好的父母！

多学习自然是好事，但是为了强调父母学习的必要性，就把孩子的所有问题都归咎于父母，比如说"孩子的问题都是父母的问题""父母是原件，孩子是复印件"这些话，其实只说对了前一半（对父母的要求），还有后一半（对子女的要求）无一例外地被忽视了。那就是，就算父母没有改变，父母很差，什么都不如别人，难道孩子就可以不上进、为所欲为、自暴自弃，甚至是对父母恶语相向、拳脚相加吗？

要知道，在个体诉求之上还有更高的价值存在，那就是秩序，也叫作序位（所谓秩序是为了种群、集体的利益而发展出来的）。中国有句

第八章 亲子矛盾尖锐，怎样挽回孩子的心

古话叫"天底下没有不是的父母"，当子女对父母心生抱怨时，总有老人家这样劝说，这话听起来好像很落伍、不时尚，但这就是中国几千年来口耳相传的立身处世之道。

当我们明白了这个观念，就不会心生抱怨了。即"父母拥有天然的、不容置疑的管教孩子的权力"，这是几千年来的传统文化赋予的，根植于中国人的潜意识深处。

父母本来就没得选择，既然你是这个家庭的孩子，那你就得认，就得去接受自己的父母，尽管他们可能并不如你的意。嫌弃自己的父母，嫌弃自己的出身，在任何文化里都是不被接受的。

现在很多人片面强调父母要学习，父母要改变，父母要上进，却唯独没有把家庭的这个根本立住！

我们接待过一对很有意思的父母，他们的孩子明目张胆地要求父母赚到上亿元的资产，否则就说明父母不上进。父母自己都不能跨越阶层，那他就没有上进的动力，就不愿意考进班级的前几名。因为他觉得自己是复印件，父母是原件，只有自己努力，父母不努力，最终也是没有用的。这个家得大家一起努力，一起上进。

这听起来好有道理啊！

这对父母知道以自己的能力是做不到的，所以才没有答应，但他们居然完全认同儿子的想法。只是父母觉得自己实在做不到才没按孩子的要求去做，这才是荒谬的。

父母要改变、父母要上进（而且是按孩子的标准）竟然成为孩子要挟父母的借口，变成孩子自己要上进、要学习、要努力的前提条件。

更荒唐的是，居然有那么多家长是非不分、毫无立场同意孩子这样的要求。他们没有搞清楚，父母可以这么自省，可以激励自己成为优秀卓越的父母，但不能让孩子这么要求。

所以说，三观混乱才是教育出现问题的根源。

如此荒唐的现象在现实生活中一再上演，还比如"你没有能力养我，你生我干嘛""生了我，你就得对我负责到底""我这样还不都是因为你"……

有些人甚至鼓励孩子控诉父母的种种行为，美其名曰让父母了解孩子，让父母看到自己是如何残害、压制孩子的，而实际上却是以爱之名打倒父母。

孩子被理解了，也舒服了，可是结果呢？这个家后续还能正常吗？父母看到孩子不恰当的行为，还具有管教的权力吗？父母还能理所当然地管教自己的孩子吗？

如果父母必须先接受教育，成为合格的父母，而后才有管教子女的权利。那谁来判断父母是不是合格的父母？

如果连父母管教子女的正当性都被质疑，都要在情理上被剥夺，那这个家也就从根本上被动摇了。当父母管教子女的正当性被质疑之后，父母说什么，做什么，甚至任何打骂、指责都会被讨论，被质疑，甚至可以怀疑他们的行为是暴力的、压制的、错误的。若是如此，孩子自然可以不听父母的教导，不服父母的惩戒了。请问以后谁来管这个孩子？谁来教这个孩子知对错、明是非呢？

不能只要父母养育、爱、支持自己，却不要他们管教与惩戒。

虽然也有父母对孩子很过分的，所以才需要孩子有青春期来对冲一些父母过分的行为。但我们应该告诉那个叛逆的孩子，叛逆对抗的应该是父母过分的那个具体行为，而不是去泛化对抗父母本身或所有人！

一个人在青少年时期就对父母失去了敬畏，那他又怎么去敬畏社会上的规则呢？他该如何建立自己心中的那条底线呢？他凭什么去立身处世，凭什么去判断是非对错呢？

从社会学意义上说，约束的强制性、秩序的天然性，其实都根植于对权威的敬畏，即从对父母的畏惧开始建立。

人必须心怀畏惧，然后才能有规矩，才能有安全感，大家才能安居乐业。

当孩子失去对父母的畏惧，其实就是为整个社会的失序埋下了心理上的隐患。

当然，更重要的是，获得幸福需要很多的因素，但有敬畏是孩子未来能幸福的基础。没有这个，不幸就是注定的。

后记

从事一线心理咨询工作多年，接触过太多厌学、休学并伴有各种心理问题的孩子，我们更深刻地知道，在教育孩子的路上出问题其实是很常见的，只是有些孩子还没有发展到休学的地步，所以家长暂时看不见那些隐性的问题。只有当孩子的问题发展得极为严重，面临休学、退学时，父母才如梦方醒，突然发觉孩子好像出问题了。

我们工作室每年都要接待上百个问题家庭，并且对大部分家庭都会跟踪一两年进行深入的调查研究。这让我们很容易知道一个孩子到底是怎么出问题的。大家在教育孩子过程中会碰到的问题，基本上我们也会碰到，而且我们的问题只会更多，因为我们有三个孩子。

于是我用心理学的方法来不断地检视、验证和反思，并且在协助孩子成长的过程中边思考、边修正。我将这一过程中的点滴小事记录下来，便形成了这本书。

本书没有写什么高大上的理论，几乎都是孩子在日常生活、学习中会遇到的小问题；并且没有描述我们夫妻在教育上做得有多好、多对，而是记录我们发现孩子出现问题后的思考过程，以及一点一滴地协助孩子矫正偏差的过程。

关于大宝的育儿故事，暂时就写到这里；二宝和三宝的成长经历，我也将悉心记录。

孩子们慢慢长大，尤其大宝就快到青春期了，开始想独立寻找属于自己的东西。我未来会转向给予青春期的他们更多的自由和支持，有为的动机要越来越少点好。未来的他们可能也还会有很多问题，我会让他们在感受到爱的基础上，提出我的期待和意见，给予适当的"他律"。

关于孩子们青春期的故事，我也会继续坚持写下去，等他们成年，经过他们同意后再与读者交流。未来他们也可能看见这些文字，慢慢地他们也需要自己的隐私。

在这里也提前祝福孩子们能飞去更广阔的天空，成长为他们满意的自己！

出于样本的局限和我们夫妻成长经历的局限，对于如何才能养育出优秀的孩子，我们还需要更多的探索，也希望更多优秀的父母加入我们，给我们指正和意见。

虽然本书以我为主笔，但孩子是我和先生一起带的，我们在教育理念上保持着高度一致。

非常感谢为本书进行文字整理的萧溪编辑，以及我们工作室全体同仁的共同努力，更重要的是感谢那些来求助过的家庭，他们让我们对教育有了非常深刻的认识，使我们避免了在教育孩子方面走太多的弯路。

最后，如果本书能给孩子还没出现显性问题的父母一些提醒和启发，将是我们整个工作室的莫大荣幸！

詹小玲

2023年1月